自然探秘系列

可怕的科学
HORRIBLE SCIENCE

杀人风暴
STORMY WEATHER

［英］阿尼塔·加纳利／原著　［英］迈克·菲利普斯／绘　刘祥和／译

北 京 出 版 集 团
北京少年儿童出版社

著作权合同登记号

图字:01-2009-4236

Text copyright © Anita Ganeri, 1999

Illustrations copyright © Mike phillips, 1999, 2008

Cover illustration © Mike Phillips, 2008

Cover illustration reproduced by permission of Scholastic Ltd.

图书在版编目(CIP)数据

杀人风暴 /(英)加纳利(Ganeri,A.)原著;(英)菲利普斯(Phillips,M.)绘;刘祥和译 . —2 版 . —北京:北京少年儿童出版社,2010.1(2024.7重印)

(可怕的科学·自然探秘系列)

ISBN 978-7-5301-2350-8

Ⅰ.①杀… Ⅱ.①加… ②菲… ③刘… Ⅲ.①风暴—少年读物 Ⅳ.①P425.5-49

中国版本图书馆 CIP 数据核字(2009)第 181532 号

可怕的科学·自然探秘系列

杀人风暴

SHAREN FENGBAO

[英]阿尼塔·加纳利 原著

[英]迈克·菲利普斯 绘

刘祥和 译

*

北 京 出 版 集 团 出版

北 京 少 年 儿 童 出 版 社

(北京北三环中路6号)

邮政编码:100120

网 址:www.bph.com.cn

北 京 少 年 儿 童 出 版 社 发 行

新 华 书 店 经 销

河北宝昌佳彩印刷有限公司印刷

*

787 毫米×1092 毫米   16 开本   10 印张   50 千字

2010 年 1 月第 2 版   2024 年 7 月第 51 次印刷

ISBN 978-7-5301-2350-8/N·138

定价:22.00 元

如有印装质量问题,由本社负责调换

质量监督电话:010-58572171

目 录

山雨欲来

地理真是个大题目，对吧。事实上，可以说这个题目巨大无比。也就是说，它研究整个世界——人能够到达哪里，它就研究到哪里。不幸的是，某些老师有种习惯，使得地理比风钻还烦人。他们对此无能为力，就是这样。在他们还没有开始死板教条地烦你之前，你可以在教研室外听听他们彼此之间的谈话。

他们究竟在说什么？让我为你大致翻译一下，可能就不像刚才听起来那么烦人了。通常人们会这样说：

是的，他们在谈论天气——准确地说，是暴风雨天气，它在自然现象中永远都是最有趣的现象之一。试着做个简单的实验，就可以弄清楚附近是否有暴风雨来临了（甚至不用起床，也不用打开电视）。笑着问问爸爸妈妈是否愿意帮你完成地理作业，他们一定对你的要求感到很惊讶，但他们肯定会同意。让他们到外面待一会儿，然后再叫他们进来。仔细观察你的父母，他们……

A 完全湿透了？

B 头发被风吹乱了？

C 气得暴跳如雷？

呃，非常感谢。

如果3个问题的答案都是肯定的，那么暴风雨天气就要来了。

这就是本书所要讲述的内容，全部采用能够让你明白的语言讲述。那些暴风雨狂暴得足以把列车从轨道上掀开；潮湿得足以淹没一个城市；风大得足以将树皮剥掉。在从可怕的悲剧到劫后余生的整个过程中，暴风雨天气始终是人们谈论的中心话题。在《杀人风暴》这本书中，你可以……

▶ 弄清楚被闪电击中时的感觉。

▶ 学会怎样跟踪杀人的龙卷风。

▶ 飞到飓风的"眼"里。

▶ 像一个真正的气象学家一样预报天气。

▶ 最终你会发现地理并不那么令人讨厌。实际上，地理非常令人兴奋，正如你将要看到的那样……

杀人恶魔——暴风雨

据估计，全世界大约有5亿人生活在热带风暴地区。几乎每隔一段时间，他们的生活就要被地球上最猛烈的暴风雨天气折腾个底朝天。一些世界上最贫穷国家的人们对失去自己的一切——房子、财产，以及亲人——有切肤之痛。在经历了1998年的"米奇飓风"后，中美洲地区的人民又在重建他们的家园。下面是那场可怕的劫难中的一名幸存者的奇异经历……

1998年10月—11月　中美洲洪都拉斯

我叫劳拉·伊萨贝尔·爱瑞拉，是一名教师，至少曾经是，因为现在这附近不会再有学校了。过去我和我的丈夫及三个孩子住在巴拉·德·阿古安村的一座小房子里，村子在阿古安河口附近。但如今我不能到那里去住了。

10月29日，星期四

那件事太可怕了，我很难用语言来表达，我尽力而为吧。大暴雨来临时，河水上涨的速度我从未见过，海中汹涌的波涛冲向村庄，冲走了许多人家的房子。

　　海水很快也冲到了我家的房前，而平时从海边到我家需要半个多小时。我们全家爬上了邻居家的房顶。本来以为在屋顶上很安全，可以等到海水退下去。

　　但事与愿违，
海水涌过来冲散了
我们。我们想办法
抓住了一只小船，

但是风急浪大，我们没能抓牢船，而且被冲散了，我再也没有见到我的丈夫和我的两个孩子。

　　我自己也被抛入海里，但我的小儿子仍然被我紧紧抱住。可是海浪还是将他从我的怀里卷走，并把他冲走了。我说不下去了——我要哭了。为了能够看到水面上的情形，我尽力浮起来。为了救我的小儿子，我奋力地游啊，游啊，想找一个没有水的地方。然后我意识到我已经在海里了。我沉到了水下，觉得要被淹死了。那时候，我想死，去和我的儿子待在一起。这时又一个大浪把我抛起来，并把我往大海中更远的地方冲去。

　　我想办法抓住了一些树根、树枝和木板，并尽力把它们捆在一起做成一个木筏子。我拼尽全身力气趴在木筏上面。在我周围全是垃圾——树枝，被摧毁的房屋残片。我看到了

许多被淹死的动物尸体，还有一个孩子的尸体。但那并不是我的孩子。

海水自始至终都在把我往远处推去。我的心也破碎了，就像做了一个噩梦——大海又黑又冷，我吓坏了。

我找到了一些菠萝和橘子吃，还喝了点椰子奶。日子一天一天地过去

了，还是没有人来。大海和天空就是我所能看到的一切。到了晚上，看到的就是月亮。

周围没有任何陆地，大海仍然狂暴不羁，海浪不断涌向我，并且不时地撞击我的木筏。我觉得快要被淹死了。

我孤零零一个人。我有时幻想着对自己的孩子说话，唱着催眠曲哄他们入睡，我感到这样做能使自己离孩子更近些。我有时大声喊叫，声嘶力竭地喊叫。我每天都一遍

又一遍地哭喊。可我仍然是孤身一人，任何人都听不到
我的声音。

11月4日，星期三——6天以后

一天，一只小鸭子游到我的木筏附近，我开始和它
说话。

我告诉它："小鸭子，捎个口信，说我还活着。带
我到有人的地方去，带我到岸上去。"然后，我开始哭
泣，我说："你为什么不带我走？这样我可以和你一起飞
走。"我祈求上帝给我帮助。或许上帝听到了我的声音，
或者是可爱的小鸭子捎了口信。我不知道。我只知道我的
祈祷不久以后有了回应。我

沉沉睡去，而且一直梦着我
的孩子。

哦，我多么渴望能看到
他们并且把他们再抱在怀里。后来我往上看，看到一架飞
机在空中飞过，它飞走了。然后来了一架直升机，一个人

下来把我拉上去。我告诉他们："感谢上帝，让我得救了，感谢上帝。"

现在，我不知道该做什么。我一无所有，无家可归。我在这场暴风雨中失去了一切。

后来……

　　一艘英国军舰"谢菲尔德号"救了劳拉·伊萨贝尔。实际上这艘军舰一直在海上搜寻一艘快艇。据报道，这艘在风暴中失踪的快艇上有30名船员。海岸警卫队与军舰联系时，说在水面上发现了一个人。船员们不相信劳拉·伊萨贝尔能活下来。她已被海水冲进加勒比海80千米，并且浑身战抖、感到寒冷、处在极度惊恐之中。但令人吃惊的是，她受的伤并不太严重。她在讲述这段经历时不得不强忍泪水。她依靠令人难以置信的勇气渡过了难关。一位官员说："在那种条件下能够活下来，真是不简单。我已经在海军里待了20年了，从来没有见过这样的事情。劳拉·伊萨贝尔的力量是无可匹敌的。"

与米奇飓风相关的5个暴力事实

1. 米奇飓风于1998年10月22日形成于加勒比海。一星期后飓风横扫中美洲地区，袭击了尼加拉瓜、洪都拉斯、萨尔瓦多和危地马拉，所过之处，一片狼藉。随后，米奇飓风在11月6日进入大西洋。

2. 米奇飓风是近200年来这一地区破坏力最强的风暴，据一位幸存者说，它"嗥叫"的风声听起来：

就像是1000辆特快列车鸣叫着穿过隧道的声音。

3. 数千人丧生，数百万人无家可归。洪都拉斯受灾最严重——全国有一半以上的地区被洪水淹没；3/4的农田变成了废墟；首都特古西加尔巴处于完全瘫痪状态——停水、停电，几乎什么都没有。强暴雨引起了致命的洪涝灾害，泥石流将人活埋，伤亡严重。甚至桥梁和公路也都被洪水冲垮了，中美洲最繁忙的公路之一——泛美高速公路也被埋在了山谷中。

4. 下一次你剥香蕉吃时，注意一下它的产地。在米奇飓风来临以前，香蕉可能产自中美洲。米奇飓风之后，该地区种植水稻、香蕉和咖啡等作物的宝贵农田被风暴摧毁，厚厚的淤泥覆盖着种植园，成千上万的人无家可归，而且失去了工作。

5. "米奇"甚至还不是最强烈的飓风——事实上，在它刚刚到达洪都拉斯时，仅仅被列为热带风暴的级别。那么，它的毁坏性为什么这么大呢？原因之一是暴雨；原因之二是当地农民为扩大农作物的种植面积，多年来不断地砍伐树木，逐年增加森林放牧。当没有树根将土壤相互结合在一起时，雨水就很容易将土壤冲走。这是一个恶性循环，但也不要一味地责怪农民，他们需要土地来种植粮食以养活自己。

农民为种植粮食而开垦土地…… 	没有植被的土壤很快就被冲走了…… 
有人挨饿…… 	农民需要生产更多的粮食…… 

灾难性的米奇飓风持续了10天。修复飓风所造成的破坏却需要花费70年的时间。可是，拟定好国际性的救援方案后，救援人员发现，把救灾物资送到灾民手中是一件很困难的事情。救援人员有时只能借助直升机和独木舟才能靠近灾民。

那些无家可归的人在重建家园的过程中需要避难场所，难民中心就是专为他们建立的。可是大多数人仍然不顾一切地希望立即重返家园。

令人不安的是，没人能够保证这种灾难不会再发生，但这种反常的天气究竟是如何发生的呢？答案竟然是：即便是最强烈的暴风雨天气，也只不过是一些热空气而已。

令人敬畏的大气层

人们喜欢谈论天气，他们很老练地注视着天空，然后说：

嗯，看来要下雨了。

暴风雨即将来临，我在我的骨头里就能感觉到。

可他们究竟在谈论什么？究竟什么是天气？一切到底是怎么发生的？抓紧帽子吧，把问题弄清楚！

什么是大气层

到室外去抬头看，继续向更高处看……你看到了什么？高空飘浮的云层？低空飞翔的小鸟？天空就是你的眼睛所看的那么高吗？你所看到的是令人敬畏的大气层，一个包围着地球的巨大的"空气毯子"。大气层从你头上向上延绵若干千米（准确点儿说大约900千米），没有大气层，人就没有办法生存。

为什么呢？看起来大气层好像悬在空中无所事事，但实际上令人敬畏的大气层具有令人难以置信的功用。没有下面这两种物质，人类将无法生存。

必不可少的空气

你可能会说："噢，空气，没有空气我也能活，没问题！"可是你错了——完全错了。我们人类需要从空气中吸取氧气以生存。我们从哪里获得必不可少的空气呢？当然是从令人敬畏的大气层中！

因此，没有大气层，我们全部会死亡！

但是，实际上在我们呼吸的空气中有些什么呢？

风和日丽
新鲜空气食谱

服务对象：所有人。

配料表：

▶ 氮气（78%）。

▶ 氧气（21%）——这一组成生死攸关，能够使人的身体和大脑处在良好的工作状态中。

▶ 氩气（0.9%）。

▶ 其他混合气体（0.1%）——包括二氧化碳，水蒸气，微量元素氖、氦、氪、氢以及臭氧。美味！

你需要做的事：

1. 将所有气体混在一起。

2. 深呼吸。啊，很好！

（可是别忘了再呼出去！）

3. 参照这个食谱，只要严格地按照所给出的百分比，你可以随心所欲地配制空气。可是如果你想做一块与大气层大小一样的气体，你需要的空气多达5100万亿吨，真是令人难以置信（剩余部分，自行解决）。这就是令人敬畏的大气层的重量。

暴风雨天气警告

　　这个食谱只适用于离地面较近的空气，但是要注意，如果你是在爬山，你爬得越高，氧气越稀少，你呼吸就越困难。

世界天气情况

　　你可能说："嗯，天气！没有它我肯定也能活。"但是你可能又错了。天气变化只发生在离地面近的大气层。

气象学家称之为对流层。在对流层里，从太阳来的热量使空气涌动，从和煦的微风到8级以上怒吼的狂风，各种类型的有风天气就是这样出现的。太阳离我们大约有1.5亿千米远，啊！尽管太阳并不能均匀地照亮世界的每一个角落，但是没有太阳也不会有天气变化。

　　地球上有些地方比其他地方要冷得多（尤其是冰……冰……冰冷的地理课教室），而这正是天气派上用场的地方。天气的工作就是将寒冷与炎热进行分配。否则，热的地方会变得越来越热，而冷的地方则变得越来越冷，最后地球上什么东西都无法生存——当然也包括你。

　　但是对流层仅仅是冰山一角，只是大气层中最底下的一层。还有更多的大气，就像一个巨大的三明治那样层层排列，一个真正巨大的三明治。

地球大气层

热电离层

这一层像一个巨大的盾牌一样保护地球免受太多的流星撞击。巨大的热量在流星到达地球之前就烧掉了它们。曾经看到过流星吗？那是流星正在热电离层中燃烧。

190千米

2000℃

−90℃

中间层

气象气球

急速上升

4℃

对流层

人们所看到的这一层就是可以发生暴风雨天气的地方，在赤道上大约有17千米厚，在南北两极只有6千米厚。越向高处，气温越低。

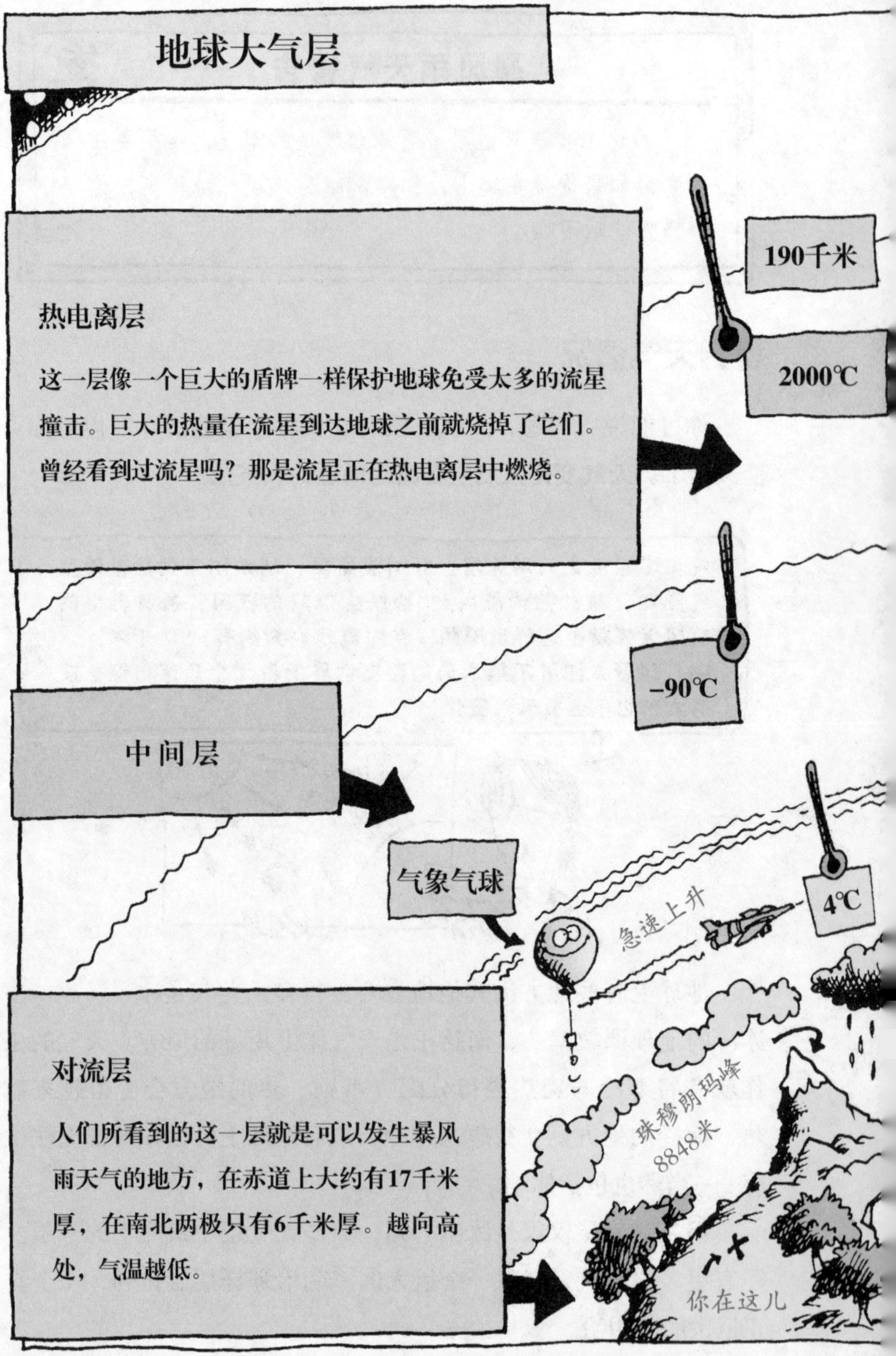

珠穆朗玛峰8848米

你在这儿

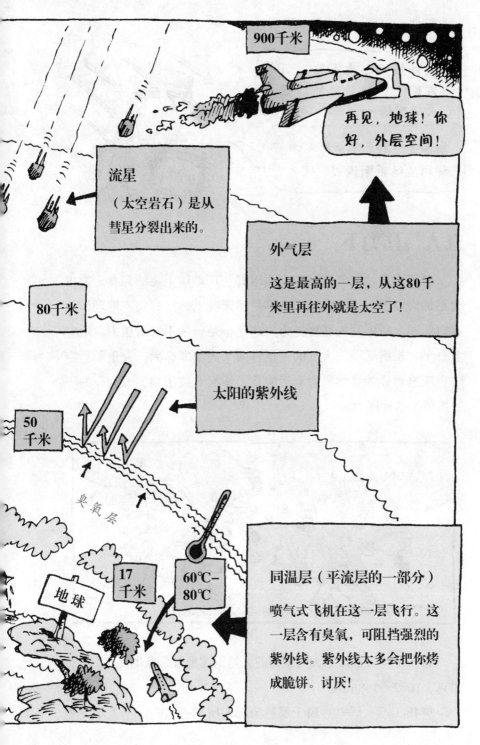

900千米

再见，地球！你好，外层空间！

流星
（太空岩石）是从彗星分裂出来的。

80千米

外气层
这是最高的一层，从这80千米里再往外就是太空了！

太阳的紫外线

50千米

臭氧层

地球

17千米

60℃-80℃

同温层（平流层的一部分）
喷气式飞机在这一层飞行。这一层含有臭氧，可阻挡强烈的紫外线。紫外线太多会把你烤成脆饼。讨厌！

19

同时，带你回到地球……

紫外线听起来不错，可实际上这些射线能够置人于死地！

臭氧是一种看不见的气体，你可能以前听说过它吧？

在大气压力下

有那么多层空气在地球上面压着，在地球上能感到有压力也就不足为怪了。不，这种压力不是昨天晚上你没有完成地理作业在地理课上所感到的那种压力。这完全是一种不同的压力。地球上每平方米所承受的大气的重量有两头大象那么大。太重了！空气也压迫着你的身体。但幸运的是，你没有被压扁，因为你的呼吸抵消了这种压力。

第一个为人们演示大气压力的人是德国地理学家奥托·冯·居里克（1602—1686）。

奥托·冯·居里克属于那种为聪明所累的人，一个大学文凭对他来说还不够，他必须有三个！分别是法律、数学和机械学。他也有两种职业，白天是工程师，而晚上则是天文学家。但是，这些对他来说似乎还不够，他甚至成了德国马德堡市的市长。但是，实际上人们之所以能够记住勤奋好学的奥托是因为他所设计的著名的大气压力实验——被称为令人激动的马德堡实验。你可能想亲自做一下这个实验。

你需要什么：

▶ 直径大约20厘米的两个铜杯子

▶ 16匹马

应该怎么做：

1. 将两个杯子扣在一起形成一个空心球。

2. 现在抽空中间所有的空气将它制成一个真空*球。

3. 将马按每队8匹分为两队。

4. 用绳子将真空球绑好，两端分别拴在两队马匹上，就像要让两队马匹拔河一样。

5. 站好后，喊："驾！"

―――――――――

★ 真空是一种连空气也没有的完全空旷的空间，而不是指吸尘的机器。

你认为实验中会发生什么?

a) 铜杯分开了, 马摔倒了。

b) 铜杯纹丝不动。

c) 绳子拉断了, 老学究不得不再从头开始。

答案

b)。事实上, 将要发生的是无论马匹怎么使劲地拉绳子, 它们都无法拉开杯子。没有一点办法, 只有当冯·居里克向球中注入一些空气, 杯子才能分开。那么究竟是什么原因导致杯子扣得这么紧呢? 是杯子外部的空气压力, 这就是答案。这个实验让我们明白空气压力是多么巨大。

发现压力

1. 为了测量空气压力, 气象学家使用了一种叫气压计的仪器。气压计有两种主要类型, 水银气压计里装满了液体水银; 无液气压计则是用一根针和一个刻度盘。无液气压计常被用在飞机上, 因为它们不易打碎, 也不会在飞机起落时出现差错。

2. 意大利科学家伊凡吉利斯坦·托里切利(1608—1647)发明了第一台水银气压计。他是佛罗伦萨大学的数学教授。下面的故事就是他是怎样无意间产生这个想法的。

a)首先，他把一根长玻璃管装满水银。(他已试过海水和蜂蜜，但令人惊奇的是，他发现用水银效果最好。)

b)然后他将管子倒置放入一个装有更多水银的盘中。

警告——危险化学品！小家伙们，不要在家里做这个实验。水银是可怕的有毒物质。剂量过多的水银可以严重损害你的神经、皮肤、血液、胃、肝和肾。用来填充牙齿的灰色物质中有微量水银。所以任何让你的牙医感到不快的事情都不要做！

c)他每天都去观察管子并且注意水银面的上升和下降。这样持续了一段时间。

d)然后，他灵机一动，产生了一个绝妙的想法：水银是根据空气压力不同而上升和下降的。

空气压力高时，就向下推动盘中水银使得管中水银上升，而空气压力较低时，管中水银则下降。

我敢打赌你不可能会想到这一点！

内向的老托里切利对他的发现大吹大擂了吗？绝不可能，他不善交际。此外，他对数学比对气象学更感兴趣。奇怪的是，他非常潦草地写了个纸条，上面写着：

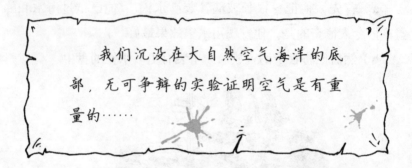

> 我们沉没在大自然空气海洋的底部，无可争辩的实验证明空气是有重量的……

这段话的基本意思是，我们居住在大气层的底部，并且已经成功地证明空气是有重量的。然后托里切利把纸条扔进了满是灰尘的抽屉里，之后便忘得一干二净了。

3. 幸运的是，有人帮助托里切利宣扬了他的发现。后来，卓越的法国科学家布莱斯·帕斯卡(1623—1662)试着改进了托里切利的气压计。他说服他的弟弟爬到当地的一座火山上(幸好是一个死火山)去测试他的新发明。噢，就是验证他的最新理论，即地势越高，空气压力就会越小，也就是说压在人身上的空气更少。

懒惰的帕斯卡当然没有和他的弟弟一起上山。他所承担的压力已经够大的了。但是他安排了一些僧侣作为实验的目击证人，并保证实验的公正性和准确性。结果表明他是正确的，越往高处，大气压力就越小。

4. 此后的一段时间，可怜的帕斯卡因过度劳累而病倒了，他的医生命令他休息。猜猜他是怎样休息的？他写了一篇关于大气压的论文！而且，这使他感觉很好，那么谁在抱怨呢？下一次你精神不好的时候或许可以试一下帕斯卡的做法。

5. 为了纪念帕斯卡，现在国际上就以"帕斯卡"作为测量气压的单位，挺无聊的，是吗？而实际上，大气压是以百帕作单位的（1百帕=100帕斯卡）。正常大气压是1013.2百帕。

6. 还记得可爱的老奥托·冯·居里克吗？第一个使用气压计预报天气情况的人就是他。当时，他预言当大气压力骤然下降时，便意味着将有恶劣的暴风雨天气到来。

> 海藻很鲜嫩，我们会有晴好的天气。

> 松树的果球闭上了，肯定会有寒潮。

> 蜘蛛在织网，看起来要刮风了。

> 我的裤子里充满了水，看来是下雨了。

7. 但是你可以忘掉水银、海水或蜂蜜，因为有更简单的方法可以自己做气压计。先找到一只青蛙，把它放在一个装有池塘水的罐子里，并在罐子顶上盖上一块布（确保布的质量很好，而且多孔透气，以使你的"气压计"能够呼吸）。

> 可能它们的意思是先把果酱拿出来？

现在等着……仔细听！

怎样观测青蛙气压计？

▶ 如果青蛙呱呱叫得厉害，表示气压下降，暴风雨即将来临。（记住，低气压意味着多变的天气。）

▶ 如果青蛙呱呱叫声小，表示气压上升，好天气指日可待。（记住，高气压意味着好天气。）

▶ 如果青蛙停止呱呱叫，就重新换一只青蛙。（千万记住，过后把青蛙送回池塘里。）

地球上令人震惊的事实

如果你爬到山上并想煮一锅意大利面当午饭，那么煮饭的时间要比说明书上所说的时间长。为什么？没错！大气压改变了水的沸点。越往高处走，大气压越低，沸点也变低了。因此，水很快就达到了沸点，可是却要花费更长时间才能煮熟食物。

气 团

令人敬畏的大气层中的空气从来没有静止过。它总是受到压力和温度变化的影响，不停地移动、堆积、分散。这些空气日复一日的移动方式，形成了我们每天的天气。

空气团就是在陆地或海洋上空所形成的巨大的空气块。气团的发源地决定了气团是温暖的、寒冷的、干燥的，还是湿润的。在炎热的沙漠形成的气团又干又热；在寒冷的海洋上空形成的气团又冷又湿。虽然你看不见空气团，可它们无处不在，并且在地球上慢慢地移动。气团被风推动着，有助于四处散布太阳的热量。有些气团巨大无比。据估计，有时，一个气团所覆盖的面积甚至有整个埃及的国土面积那么大。哇！

锋

气团有点像碰碰车。一会儿，你在快活地信马由缰自得其乐；过一会儿，你又一头撞进另一个气团，而这个气团连推带挤想让你让道，你所能做的就是奋起回击再挤回去。

　　两个对抗的气团相遇的地方称为锋，这一区域的天气会变幻莫测。锋有3种形式——冷锋、暖锋、锢囚锋。这些花哨的带有专业特色的术语会给老师留下深刻的印象，你可以试试。当一个冷锋压倒暖锋时形成的锋就是锢囚锋。而导致暴风雨天气的是狡诈的冷锋。下面看一下冷锋是怎样产生的。

　　1.冷空气团遇到了暖空气团。

　　2.冷空气切入暖空气底下，强迫暖空气上升。

29

3. 暖空气迅速而急剧地上升，形成暴风云和暴风雨。

用雷电，我要疯了！

4. 沿着一些冷锋，移动的空气引起了持续的暴风雨，这些暴风雨区可绵延达800千米。

高气压和低气压

莫娜笔记

请务必注意，全世界各地的大气压是不同的。为什么？因为太阳热量分布不均匀，有的地方温度高，有的地方温度低。冷空气重，空气下沉形成高气压。暖空气轻，空气上升形成低气压。明白了吗？就像你和我的身高一样，大气压也有高有低。

高压就是一个高气压螺旋区域，中心区的气压最高。还有好消息，高气压常常会带来稳定的、干燥的晴天。好哇！

螺旋式高气压
地球

鸟瞰图
最高气压

怡人的、
明媚的、
干燥天气
地球

在另一方面，低气压意味着该拿出你的伞来了。低气压的螺旋区域，在中心位置气压最低。而低气压常常会带来多云的、潮湿的天气和暴风雨天气，这是一个坏消息。(你可以把低气压称为气旋——这类别名会引起老师的注意！)

下面有一个简单的实验可以帮你找到离自己最近的低气压。

准备好了吗?

1. 背对着风站在外面。

2. 现在，你住在哪里? 如果你住在北半球，离你最近的低气压在你的左边——因为北半球的风绕着低气压区域逆时针吹。

你 低压区 地球 北极 风

3. 但是如果你住在南半球，那就是另一种风向。最近的低气压是在你的右边——因为南半球的风顺时针吹。

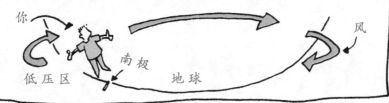

你 低压区 南极 地球 风

　　如果所有的气压区都在你眼前，也不用担心。令人敬畏的大气压是很难跟踪的，也是极不稳定的，它甚至连一会儿也静不下来。知道这种感觉吗？这就是暴风雨天气形成的原因。但是，这里就高气压和低气压所谈到的一切也只是刚刚开始。做好准备了吗？接下来的旅行将非常艰苦……

暴雨和狂风

想象一下，在一个炎热的夏日里，你正躺在花园里。烈日高照，天空湛蓝。妈妈给你准备了充足的冷饮。太棒了！这是天气最佳的表现。不要被天气糊弄了，事情很快就会变得很糟糕。自然界没有什么比狂烈的暴风雨更加恶劣的了。每次暴风雨都伴随着风暴和倾盆大雨。令人难以置信的是，风是一种看不见的力量。你看不见它，可是它却知道该怎么吹。

一个关于风的问题

我们认为莫娜需要接受挑战，因此我们派她去完成一项任务——解决关于风的5个等级问题……

风还有什么好研究的？

是的，可是你们曾经想到过最初空气是怎样流动的吗？

呃，没听说过。

好好听着，这都是因为大气压。你知道，冷空气很重，所以下沉而形成高气压，而暖空气很轻，所以上升形成低气压，这是一个规律。

不要这样对待我。

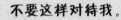

好吧，想象一下你的大姐姐压在你头上，要把你压扁。你可以称之为高气压。如果你把她一脚踢开，你就成了低气压！明白了吗？

要是我能踢开她，就会获得一枚奖章！

哦，是的，但是这又和风有什么关系呢？

空气总是从高气压向低气压移动，当空气移动时，说变就变！你感觉到风了。

不，不是那种风气！

噢，老师！

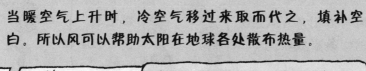

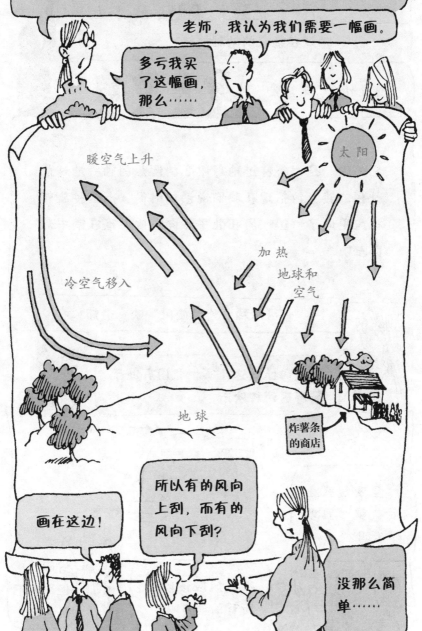

风并非沿着从A到B的一条直线吹。

那会发生什么?

地球在绕它的地轴旋转。

这是什么,老师?

它的轴,是一条穿过地球中心的假想的轴。地球总是在旋转,包括现在我们说话的时候,而这种旋转把风甩向了一边。风在北半球向右吹,而在南半球向左吹。

可以称之为"旋风"吹,老师!

当然可以,这儿有一张图有助于解释这两种吹法。

风　北　轴
地球　地球的旋转
南　风

一旦吹起来之后,就一直吹下去吗?

36

那么风应该吹过所有的地方吗?

好问题!但事实不是这样!

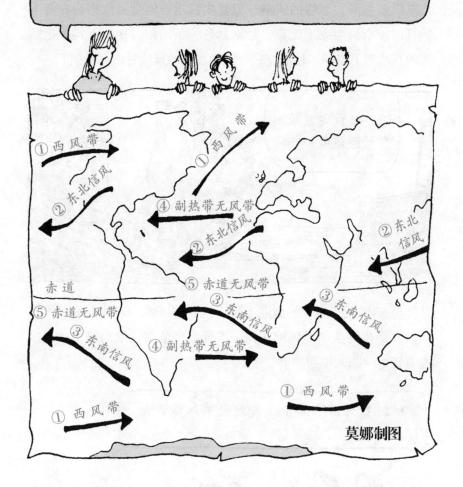

莫娜制图

1. 西风带——从西边吹来的风。风总是以它们吹来的方向命名，所以西风是从西边吹来的，东风是从东边吹来的——明白了吗？

2. 东北信风——这些风持续不断地从东北方向吹向赤道。之所以称它们为"信风"，是因为它们过去常常作为商人和探险家所使用的帆船的主要动力。

3. 东南信风——除了它们是从东南方向吹来的以外，其他的和东北信风一样。

4. 副热带无风带——该地带的风非常非常轻柔。过去，人们依靠帆船航海，悲惨的灾难一般发生在这一地带。他们会在海上数日因没有风而束手无策。经常只有一条出路，他们不得不把随行的马从船上扔掉，让船变轻一点，以便微风吹过时可以航行。

呃，我肯定我感到有一股微风……

5. 赤道无风带——赤道上风平浪静的区域，连续很多天没有风，从而也无法吹动任何东西，难怪那些陷在这里的船员被说成是真正地"陷入停滞不前"了。

他好多天都不动了，肯定是陷入赤道无风带了！

赤道——实际上赤道并不真正存在！它是恰好在南北两极中间的一条假想的线。

地球上令人震惊的事实

　　"疾风"的确有一个适当的、但是更加烦人的名字，叫"科里奥利"力，是以法国科学家古斯塔夫·加斯帕德·科里奥利（1792—1843）的名字命名的。古斯塔夫是第一个发现有一种不可见的力使得物体按照曲线而不是按直线飞行的人。他还发现他的这个可引起旋转的力能引发飓风和龙卷风。执著的古斯塔，呃……对不起……古斯塔夫，开始在一张令人厌烦的纸上陈述他的理论，叫做：

关于物体相对运动系统的方程……

　　这虽然令人大惑不解，但又的确是无比卓越的。看来在他以前从来没有人想到过。他继续写了一本关于弹子球的书，但没什么了不起，嗯？

关于风的5个疯狂事实

1. 古希腊人认为风是神的呼吸，有8个风神，每一个风神管一个方向。我们希望任何风神都不会有难闻的气味。

希望这是神的呼吸，而不是我们的晚餐。

一些异想天开的希腊人认为风是树摇摆树叶时形成的。真是不可思议！

2. 直到第二次世界大战时，人们才发现急流，当时飞行员逆着某种风飞行时发现自己飞行的速度慢得几乎要停下来。急流是高空大气层中的一种超高速的西风，速度可达每小时500千米，前后蔓延可达4000千米。

急流也会下降到低空，猛烈的暴风雨将接踵而至。地球上唯一可以真正感受急流的地方是在珠穆朗玛峰以及其他高山的顶

峰。那么为什么不提议来一次实地野外旅行呢？

3. 对了，如果飞机恰好是从纽约飞往伦敦，急流可以加快和它们同方向飞行的飞机的飞行速度。风就在飞机的后面，帮助飞机加速，这是个好消息。坏消息是，返回时，因为飞机是逆风飞行，所以要比去时多花费一小时的时间。

4. 整个地球上风速最快的地方在南极洲的联邦海湾。那里的阵风时速能达到每小时320千米，和一辆赛车速度一样。目前有记载的最惊人的风速是每小时371千米，发生在美国华盛顿山上。

5. 上面的情况已经够糟糕的了，但还有比这糟糕得多的地方。多亏我们是生活在幸运之星——地球上，而没有生活在海王星上，那里狂风怒吼，风速达到每小时2000千米。那才是真正的疯狂！

依据人们在世界上居住的地方不同，人们可能会感到不同的当地风。例如，如果是在德国，当地的风被称为焚风。这种风是在冬末从山上吹下来的温暖的、干燥的风。这种风备受谴责。据说它能使人感到头痛、恶心、疲劳、沮丧，而且比平时更容易发火。（这就是为什么你们的地理老师常犯毛病的原因！）它甚至因使人发疯而闻名！生产商特制了一大捆可以外卖的物品，如项链、手镯，甚至为脚制作了鞋垫，以便让人们感到舒服些！人们还时不时地拿风说事！

又闷又热

在令人敬畏的大气层中还潜藏着其他一些东西。你看不到它，可是它的确存在，无时不在你的周围。它的名字是……水蒸气。它实际上是水的气体形式，而且这种看不见的水蒸气对天气来说是至关重要的。没有它，也就没有云、雨、雪。想象一下，地理老师该讲什么呢？空气中水蒸气的数量称为湿度。湿度随地理位置的不同而发生改变。暖空气中所含的水分比冷空气所含的水分要多一些。这就是为什么你在暑假里感到又闷又热的缘故。正是可怕的湿度会使你全身冒汗。天气炎热时，人们出汗多，而且干得也快。但如果空气潮湿，汗水干得就没有那么快了。好极了！

　　除了依据流汗的多少，还有其他方法可以测量令人讨厌的湿度。你可以用湿度计（这一巧妙的术语是对测量空气湿度的仪器的一种称呼）。第一个湿度计是由聪明的瑞士人霍勒斯·本尼迪克特·德·索绪尔于1783年制造的。霍勒斯热衷于探险，而且精力充沛，他的大多数好的想法都是在登山爬到半山腰时产生的。霍勒斯的湿度计用了一根人的头发来测量湿度，那么它是怎样发挥作用的呢？当霍勒斯在令人愉快的、潮湿的天气里沉溺于他的头发湿度计的时候，会发生什么情况呢？它会……

　　a）缩小？

　　b）变长？

　　c）恰好保持不变？

人的头发

　　b）毛发直竖的霍勒斯·本尼迪克特发现，人的头发在从空气中吸收水分时伸长或膨胀，这就意味着空气的湿度很高。而当空气干燥、湿度降低的时候，头发就会收缩。

湿度大　湿度小

秃头

暴风云聚集

可究竟水蒸气和暴风雨天气是什么关系呢？这个简单的答案是云。不仅仅是轻柔地飘过你窗前的像羽毛一样蓬松的白云，还有天空中阴沉的、灰色的暴风云，这是最令人不愉快的、最危险的云。

云的形成：

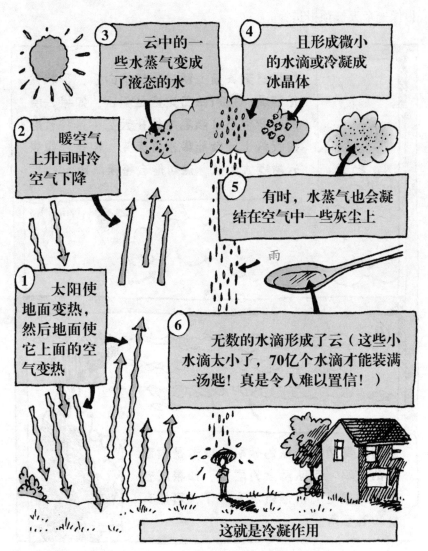

③ 云中的一些水蒸气变成了液态的水

④ 且形成微小的水滴或冷凝成冰晶体

② 暖空气上升同时冷空气下降

⑤ 有时，水蒸气也会凝结在空气中一些灰尘上

雨

① 太阳使地面变热，然后地面使它上面的空气变热

⑥ 无数的水滴形成了云（这些小水滴太小了，70亿个水滴才能装满一汤匙！真是令人难以置信！）

这就是冷凝作用

自己预测天气

　　天气预报——像莫娜这样的气象学家一天的工作就是如此，不过你也可以去试一试。首先，你需要熟悉几种云层的情况。老师会告诉你有10种云层。不用全听他的，除非你想成为一名严谨的气象学家，否则就可以要点把戏混过去。你只需要知道如下3种主要的云层类型及由此带来的天气。接下来就试试，看你能否做得像一个天气预报员：

如果看到头顶上飘着蓬松的白云，形状像花椰菜，就可以断定这是积云。如果云层的面积很小且高高地挂在天空（这种云层很友好），就能带来好天气。但是，如果云层变大一些，就可能会带来阵雨。

积云

层云

遇到过身边是低低的云层，或者是大面积的云吗？可以称之为层云。如果层云离地面很近，情形就不太妙了，可能有雾和毛毛雨。

卷云

在高高的天空中，有时候会看到一些像羽毛一样缥缈的碎云，可称之为卷云……

……恐怕卷云会带来更坏的消息，说明低气压正在迫近，糟糕的天气就要来了。

那么，你可以把头伸到窗外，看看能发现什么。如果老师对你有意见，你可以说："老师，我正在研究高积云呢！"

大致说来，你已经把头伸入云层里。准确地说，你把头伸进椭圆形的透镜里去了。高积云有时会被误认为是飞碟！说实话，高积云的情况很少发生，但是一旦发生就很危险，尤其是对飞行员来说是这样的，因为高积云会带来强劲的阵风。

老师该批评英国化学家兼气象学家卢克·霍华德，是他为这些云起了这些富有想象力的名字。

我称这种云为……

1803年的一天，多云。卢克·霍华德的药店里不太忙。当这天唯一的顾客夹着一包药丸和一些药水走了以后，卢克发觉自己正站在窗前向外望着，心不在焉。他头脑里浮想联翩，开始构思云层的名字。他起的名字并不是像本或萨曼塔这样普通，而是听起来像拉丁语名字一样奇怪：积云、层云和卷云。

这些名字听起来似乎有严谨的科学性，可它们究竟是什么意思呢？猜到了吗？几乎没有什么特别之处。它们仅仅意味着"块块堆积"、"层层叠叠"和"鬈曲的头发"，并且只是简单地描述它们所呈现的形状，可是卢克对他起的名字很满意。令人吃惊的是，以前从没有人想到过为云起名字，但云层一旦有了名字，人们很快就接受了。

卢克不久成为一个颇有名气的人，他应邀参加一些重要的报告会和学术类的座谈会。第一次报告会是由伦敦当地的科学协会举办的。当卢克大步走入会场时，观众很有礼貌地鼓掌欢迎。他鞠了个躬，清了清嗓子，然后开讲：

当然，没有人明白他在说什么。因为他用的不是大众化的语言。

但卢克是幸运的，他笑到了最后。在严谨的科学界，他关于云层的分类被普遍接受。德国诗人甚至为此写了一首诗！事实证明，对云层的分类是非常成功的。直到今天，不管是英国还是全世界，仍然在用这种方法来描述云层。预测天气的时候，云层是十分有用的线索。例如：暴风雨来临的第一个征兆就是形成了巨大的积雨云。

49

巨大的雷雨云

一点儿也没错儿，积雨云。在拉丁语中雨云就是雨，并且当这些像摩天大楼般高耸的云竖起丑陋的脑袋的时候，就是你该躲起来的时候了。珠穆朗玛峰已经够人受的了。这些像波涛一样翻滚的美景，厚度可达到珠穆朗玛峰的两倍那么高。它们是很难驯服的，并且变化无常，它们的出现意味着你有麻烦了。雷阵雨和龙卷风就产生在这些巨大的云层工厂里。

雷雨云1小时的寿命

雷雨云是由温暖、潮湿的空气形成的。这就是为什么雷雨一般出现在夏日午后的原因。包含了很多水蒸气的大量空气急速地上升并凝结，然后云就翻滚着向上、向上、向上……

一片酝酿成熟的雷雨云可以包含100万吨水，那是一场极其可怕的大雨。它是这样产生的：当水滴、雪花和冰晶在云里旋转着彼此横冲直撞、且体积变得越来越大、大到自身重得再也不能悬在空中时，这些水滴就会落到地面上。如果附近地面的空气很温暖，所有的雪和冰就会融化成雨降落下来；如果附近的空气非常寒冷，那么，它就会以冰和雪的形式降落下来，你可能就得停课一天。万岁！

许多人认为雨点的形状和眼泪的形状一样。错！雨点的形状就像是底部被切掉了的圆一样，正常情况下一个雨点的直径大约是1.5毫米——那就是……

51

当雨点小于这么大的时候，那就是毛毛细雨了。可是有些雨点也可以变得像豌豆那么大。相当大，嗯？

那就是这么大 ➡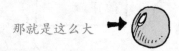

曾经听说过"储蓄防雨天"的谚语吗？噢，对居住在夏威夷的威爱尔山附近的人们来说，几乎每天都是雨天。那里一年中大约有335天在下雨，一年的雨量可达到11米。所以如果你想保住你的储蓄，那就不要去夏威夷！

地球上令人震惊的事实

你曾经看到雨滴无数次地打在窗玻璃上。在水的循环中，太阳使海洋升温，并且成千上百万升水蒸发后成为水蒸气进入空中，在水蒸气上升的过程中，逐渐变冷并凝结成液态水，水又作为雨落入河里，再回到大海中。然后整个过程再重新开始。因此，今天下落的雨水，可能早就淹没过古罗马城或者袭击过绝灭已久的恐龙！

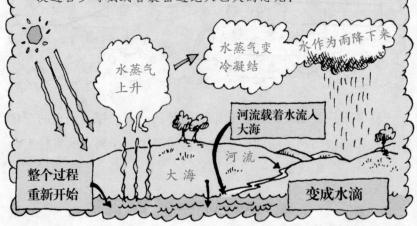

从看不见的水蒸气到巨大的雷雨云和暴雨，天气充满了可怕的奇闻怪事。雷阵雨的袭击就像晴天霹雳一样。你能忍受热度吗？做好准备，观察一些狂暴天气的表演秀吧……

雷声隆隆

知道吗？地球上每时每刻都酝酿着数千场雷阵雨。不过离你很近的雷阵雨可能只有一场！如果真的是这样，让我们观察一下那吓人的天空景象吧。当恐怖而又高耸的雷雨云布满暗黑色的天空时，你几乎感到喘不过气来，你的心情会紧张得就像在看即将爆炸的鞭炮那样。当耀眼的闪电过后，随之而来的震耳欲聋的隆隆雷声可能会令你发出惊叫（恐怖或高兴的——随便你）。轰隆！砰！啪！随后雨过天晴……然后怎么样？当心，整个过程又重新开始!

但是，坚持一会儿，看看雷阵雨到底是什么。你敢保证你能很勇敢地面对雷阵雨并找出答案吗？

关于雷阵雨的6个重大事实

1. 当太阳晒暖地表附近潮湿的空气并使之开始上升时，就产生了雷阵雨天气。某些热带地区几乎每天都有雷雨天气。暖空气上升，冷却、凝结，从而形成巨大的积雨云。

2. 冷空气推动暖空气上升而形成的冷锋造成其他风暴。它们形成一排，称为风暴线。有时，风暴在风暴线的尽头会变得越来越强，这些风暴是最猛烈的雷阵雨，被称为"超级气囊"。它们

冷空气从
底部切断
暖空气

冷空气

暖空气上升
形成暴风雨

常常会带来龙卷风这位朋友。

3. 如果你想来一次天气预报，那就等下一次雷阵雨。然后告诉大家不用担心，30分钟左右雷阵雨就会过去。

时间不会太久！

4. 雷阵雨带有能量。一场雷阵雨的能量足够整个美国20分钟的用电量。再想想，全世界每天大约会发生45 000场雷阵雨，那将会产生多么巨大的能量啊！当你看这本书时，至少有2000场雷阵雨正处于酝酿之中。

5. 升上去的一定会落下来。在雷雨天气中，上升的空气最后必定会落下来，这会导致较强烈的下降气流，我们称之为微爆炸。与它们一起倾泻而下的是强烈的暴雨。糟糕的是，当具有很大破坏力的微爆炸冲击到地面时，就向四周迸裂，导致风速达到每小时160千米。这对飞机来说尤其危险。1983年，微爆炸把一架飞机从空中撞了下来，当时这架飞机刚从美国的新奥尔良起飞。而且，目前没有什么简单可行的方法可以预知何时何地会发生这种情况。

大雨

暴风

6. 当雷雨云吸收暖空气时，肆虐的狂风在其内部旋转上升。它们穿过云层的速度之快足以削掉飞机的机翼。美国空军飞行员威廉·兰金中校于1959年7月经历了一次可怕的飞行。当时他正在美国卡罗来纳州的海岸上空飞行，他的喷气式战斗机的发动机突然熄火。飞机失去了控制，兰金被迫跳伞……直接跳入了雷雨云里，令人难以置信的是，他仍然活着，并讲述了他的故事：

开始，我不知道发生了什么事，事情发生得太突然，根本没有考虑的时间，只知道必须把降落伞打开。雷电已经将我击得遍体鳞伤。我发现自己正处在翻滚的云层中，就像落入了翻腾的海洋里。所有颜色的云，包括黑云、灰云和白云都在彼此碰撞。云层中的风更是猛烈得令人难以置信，风一次又一次地把我吹向各个方向：上面、下面、旁边。到处是一片黑暗，我什么也看不见，也不想看见什么，紧紧地闭着眼睛。

我就像是被关在满是野兽的笼子中，野兽们尖叫着，嚎叫着，用巨大的利爪打着我，想把我置于死地。可最糟糕的还有雨，有时候觉得就像裹上了一

床浸饱了水的大棉被，我甚至认为自己会被淹死在半空中。

　　我的降落伞竟然完好无缺，真是奇迹。最后，我从云层里掉了出来。

　　降落伞挂到了一棵树上，我继续下落，我轻轻地落到了一块田地里。我从跳伞那一刻至到达地面本该花费11分钟就可以，但是，却遭受了足足40分钟地狱般的折磨。

　　我爬起来踽踽着走到路边，设法搭乘便车去了医院。医生说他们从来没有听说过我所讲的事情。除了受电击和冻伤之外，我基本上安然无恙，我非常幸运地躲过了这场劫难。

空军上校威廉·兰金

暴风雨的征兆

不要惊慌！兰金上校所遇到的情况非常罕见。远离风暴是上上策。可是又如何判断暴风雨是否将会到来呢？你知道哪些预示风暴的迹象是真的，而哪些预示风暴的迹象是假的呢？你可以预测风暴的来临是因为……

a）你感到头痛欲裂？　　　　　　　　　　　　对 / 错

b）你的头发竖起来了？　　　　　　　　　　　对 / 错

c）云层变绿了？　　　　　　　　　　　　　　对 / 错

d）牛奶变酸了？　　　　　　　　　　　　　　对 / 错

答案

a）可能是正确的。这可能预示着风暴正在酝酿，或者是你不堪地理作业的重负。有的人对天气非常敏感，当空气的湿度较大或充满静电时——静电正好在暴风雨来临之前出现，有的人因此就会感到头痛。另外还有一些人说他们的体内能够感觉到天气的变化。好痛呀！

b）可能正确。要是这件事已经发生了，好像就太迟了！闪电撞击眨眼间就会消失，你的头发会竖起来就是因为空气里有许多静电。

c）可能正确，如果云层底部有点绿，那就准备接受风暴的打击吧！（如果你弟弟的脸色变绿了，他可能是生病了！）

d）肯定是错误的。这只是无稽之谈，如果你从冰箱里把牛奶取出来，放在温暖的地方，毫无疑问它会变酸，而这和暴风雨绝对没有一点关系。

不仅仅是老妇人们对雷雨有如此滑稽的想法。从前，人们认为雷和天气毫不相干。他们认为雷是上帝大发雷霆时使用的武器，雷是依据北欧挪威雷神托尔命名的。雷公以脾气暴躁而闻名，雷电是他用巨锤掷向天空形成的。

大雷神托尔

一大早，在仙宫——神的家里……

在雷神托尔的宫殿里，雷公睁开眼睛伸了个懒腰，他感觉到桌旁除了他的床外，没有任何其他东西，他宝贵的巨锤不见了……

哈嘿!

没了!

雷神大发雷脾气……

洛基，过来!

找回我的锤子！否则……

是，主人，请别发火！

洛基变成一只猎鹰飞走了……

他来到了冰冻巨人瑞姆的城堡里，是他偷走了锤子。

交出来，否则你会后悔的！

没门，除非我娶到芙丽嘉。

芙丽嘉是爱神，当她听到瑞姆要娶她时，突然哭起来……

但他太丑了！

那就回绝他！

麻烦的是，托尔的锤子是他对付巨人的唯一武器……

我有一个好办法。主人，我们这么做……

我穿什么？

他们给托尔穿上结婚礼服冒充芙丽嘉，并用面纱把胡须挡住……

他看起来可爱极了。

要戴上头盔走！

在婚宴上，雷公吃了一整头牛、8条大马哈鱼，喝了3桶蜂蜜酒……

呕！

我的女友！

愚蠢的瑞姆一点都没有起疑心……

究竟什么是闪电

当空气在雷雨云内部上下冲撞的时候，还能产生带电反应。

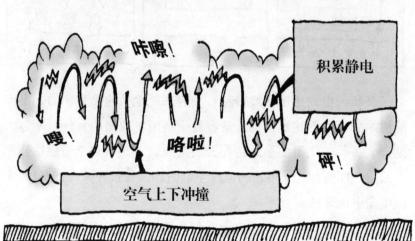

空气使云层内部的水滴和冰粒彼此碰撞，所有这些撞击建立起一个静电库。在暴风雨天气里，你所看到的划过天空的闪电就是一种巨型的静电火花。它的原理与你快速脱下衣服时头发噼啪作响并且竖立起来是一样的。下面介绍闪电是如何产生火花的：

1. 正电荷聚集在云层顶部，而在云层底部聚集着负电荷，地面也显示出正电荷。

2. 当电荷差别变大时，正负电荷间产生闪电。在云层的内部，叫做片状闪电。

3. 在云和地面之间产生并返回的闪电称为叉状闪电。

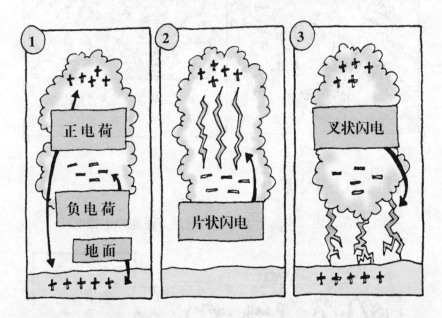

叉状闪电到达地面最容易，一般来说也是速度最快的。高大的树木和高耸的建筑物都是最容易受到闪电攻击的目标。幸运的是，大多数闪电很安全地待在云层里面，或是从这个云层跳到那个云层。即便如此，可怕的地理学家估计，每秒钟大约仍有100个闪电击中地球！

当你观察闪电时，你也会看到从地面返回云层的闪电！你的眼前出现的是一条长长的瞬间闪光，这是因为闪电的速度太快的缘故（闪电最快速度达到140 000千米/秒）。实际上，在云层和地面之间有30多条不相连的闪电在奔窜。每道闪电仅持续数微秒，你的眼睛刚刚能分辨出这些速度极快的亮光，这也就是整个闪电过程总是闪烁不定的缘故。

你知道"闪电从不两次击中同一目标"的谚语吗？简直是胡说！闪电是会击中同一目标的！纽约的帝国大厦一年中被闪电击中约500次，而且并非只有这一栋大厦冒着这种风险……

1977年6月26日

每日环球

美国弗吉尼亚的韦恩斯伯勒

"避雷针"不幸又被击中！

罗伊·C.苏利文曾经是皇家园林的管理人，现在已经退休。他今天刚刚苏醒过来，又一次幸运地逃过了死神的魔爪。他昨天遭到了雷击，这是35年中的第7次了。胆大的罗伊现年65岁，他是一个可以证明闪电会两次击中同一个人的活生生的例子。

总计一生中遭受雷击的次数，罗伊赢得了一个富有传奇色彩的绰号"避雷针"。（噢，太贴切了！）1942年4月，他第一次遭雷击，当时他正在公园的火警观察塔上工作。"雷电击中塔七八次，"他说，"于是我决定离开那个地方。"当他刚刚离开观察塔1米左右，就被雷电击中。他的右裤腿着火，他的大脚指盖也被击掉了。

1969年，雷电烧掉了罗伊的眉毛。雷电又于1970年残忍地灼烧了他的左肩膀。在1972和1973年他又两次被雷击中，他的头发在两次雷击中都被烧着了。第二次雷击从天而降，闪电将他从汽车里击出去，并烧伤了他的双腿。1976年的一次雷击严重地损伤了他的脚踝。

一道电光

"你能够断定闪电来了，却来不及躲避，"他解释说，"你能够嗅到空气中的硫黄味，然后头发就会竖起来了。随即雷电就降临了。遭受雷击的感觉就像有一把大锤往身上砸来，你却来不及作出任何反应。"最后一次即第7次遭雷击是在罗伊外出钓鱼的时候发生的。"我闻到了硫黄的味道并抬头往上看，"他告诉我，"发现闪电奔我而来。啪！我希望这是最后一次遭雷击。7次雷击已足够了，事实上，这已经太多了。"

不同寻常的罗伊知道他能活下来是很幸运的。再没有谁能够遭受3次以上雷击而幸免于难，罗伊却毫不费力地做到了。我问他为什么闪电似乎总是青睐他呢？罗伊摇摇头笑了笑。"有的人对花过敏，"他说，"我猜我只是对闪电过敏吧。"

极其过敏

哄骗老师

幸运的是，罗伊·C.苏利文不是病态性雷恐惧症患者。这是对雷电会突然产生恐惧的代名词。你敢让自己的声音超过老师的咆哮声吗？举手说：

这就是说你……

a）害怕雷电？

b）害怕雷龙？

c）害怕在足球赛中作秀？

答案

a）雷恐惧症是医学上害怕雷电的疾病的专用名词。

还有各种风暴天气恐惧症能够作为你随口胡编的理由，比如雨恐惧症（害怕雨），风恐惧症（害怕风），雪恐惧症（害怕雪）和雾恐惧症（害怕雾）！你想得以上哪一种病呢？

注意：如果你真的是雷恐惧症患者，你可以略过下面这一小部分。

雷到底是什么

你真的害怕雷吗？雷的确会发出很大的响声，但不会对你造成任何伤害。但是雷究竟是如何产生的呢？下面是莫娜的解释。

闪电的温度很高，大约是太阳表面温度的5倍。当闪电划过天空的时候，所过之处空气温度上升，达到令人难以置信的33 000℃。这使空气以超音速迅速膨胀，并向周围天空发出冲击波。于是就形成了隆隆作响的雷。

在雷雨天气里，你有没有注意到，即使闪电和雷声同时发生，你还是先看到闪电后听到雷声。原因是光在空气中的传播速度要比声音的传播速度快得多，当闪电以每秒140 000千米的速度一闪而过时，落在后面的声音在以每秒340米的速度传播。简直太慢了！雷电即将来临了吗？做一个简单的实验来猜测一下它离你家门前的石阶有多远。

你需要什么：

▶ 你自己
▶ 雷雨天气
▶ 秒表

应该怎么做：

1. 等一束闪电划过时，看一看秒表的时间。

2. 等听到雷声时再看一下秒表。

3. 将闪电与雷声之间的秒数除以3，你就会得到雷电和你之间的距离有多少千米……

要是闪电和雷声之间有5秒的时间差，雷电就发生在大约1.7千米远的地方。向外望望，那是相当近的！

雷电的安全提示

闪电是很振奋人心的，但要小心，它同时还是个凶手。仅在美国，每年大约有100人死于闪电，因闪电而受重伤的人比这个数字还要多出许多。那么如果当你遇到雷电时，你到底该怎样做呢？试着记住这些基本的"要"和"不要"，你就会获得最大的生存机会。

大多数安全提示都与物体导电性能好坏有关。不，不是那种指挥乐队的指挥（在英文里，导电体和指挥是同一个词），而是导体的导电性能，金属和水等物体的导电性能要比另外一些物体好一些，这就意味着电流可以很容易地从其中通过。

不要做的事……

▶ 站在高大的树下　闪电总是以最快的速度到达地面，因此大树和高大的建筑是最危险的，电线杆和山顶也同样危险。（登山者要小心了！）雷雨天绝对不要站在树下，尤其是当附近只有孤零零的一棵大树时，即使是最粗壮结实的

大树，一个直接的雷击就可以把它完全摧毁。被雷电击中树干后飞出的树皮甚至也可能会击中你。树液（一种良好的导体）受热膨胀后，这种情况就会发生。请务必小心，树有可能砸在你的头上。

▶ **打高尔夫球** 在雷雨天气里打高尔夫球可能会严重损害你的健康，因为要是你站在室外开阔的高尔夫球场，你很可能会成为整个球场的最高点——闪电最理想的靶子。同时，金属高尔夫球杆本身就是导电性能极好的导体，因此忘掉高尔夫球吧。除非你是住在美国的亚利桑那州。在那里有一个最先进的高尔夫球俱乐部，在俱乐部房顶上放着特殊的传感器，能够探测到48千米以外的雷电，并发出警报声来提醒打球的人。

▶ **和爸爸一起去钓鱼** 还记得"避雷针"罗伊·苏利文吗？和高尔夫球员一样，许多钓鱼者也曾被闪电击中过两次，因为他们使用的长长的碳纤维钓鱼竿也是良好的导体。无论如何，你不能跳进河里，游泳的人应该坐在岸上躲避闪电，因为水也是一种良好的导体。

▶ **去做摇铃人** 从前，人们认为摇响教堂的铃可以把雷电吓跑。（问问你的老师，看她是否还记得从前的传说。）叮咚！哐！他们的行为导致了意想不到的恶果……非常糟糕。教堂高高的金属尖顶和手摇的金属铃组成的致命的结合体足以烧死很多无知的摇铃者。

▶ **给朋友打电话** 闪电临近时，如果你正和朋友在电话里聊天，你就可能会遭到严重的雷击。闪电通过电话线可以送来一个电流杀手。在雷雨天气里最好不要打电话，也不要靠近电脑和电视及其他家用电器。在美国，每年有数百台电视机因为闪电击中室外天线后导入房间而被烧毁；此外，大约有20多人在打电话的时候被雷电击中而死。

应该怎么做……

▶ **蹲伏在地上** 在雷雨天气，室外到处都有危险。大多数雷击发生在公园或田野等开阔地带里，如果你恰好在一个开阔地带，蹲在地上并手抱膝盖将身体蜷缩起来，这会使你成为雷电靶子的可能性降到最小限度。不要平躺在地上，因为潮湿的大地会成为良好的导体。

▶ **穿上长筒雨靴** 在外面到处都有危险（如上述），不过只要你穿上防水橡胶靴就可以到处走动了。这种长靴底部是由橡胶制成的，而橡胶是一种导电性能极差的绝缘体，能够阻止闪电通向地面，使闪电只能改变路线。这样，你就可以免遭雷击了。

▶ **坐在汽车里** 稳稳地坐在汽车里是相当安全的，闪电会绕着汽车的金属外壳和橡胶轮胎跑一圈，而你却能安然无恙。

▶ 乘飞机飞行　如果你坐在飞机上遭到闪电袭击，你可能会经历一次颠簸的旅行，但你会很安全。和汽车一样，飞机也有一个可以传导电流的金属外壳。在飞机投入飞行前，已在实验室里经过模拟闪电袭击的实验。为了确保飞机的绝对安全，甚至飞机座舱内的所有设备上也都安装了防闪电的屏蔽物。

▶ 待在家中　毫无疑问，这是最安全的地方。如果你真想和你的房子一样安全，那么请待在家中，坐在舒适的扶手椅上观察暴风雨……

和房子一样安全

不幸的是，我们不能保证你待在家中就会绝对安全（尽管家中总比室外要安全），但有一个人想出了一个好办法使人们待在家中变得安全多了。他就是美国人本杰明·富兰克林，一位新闻工作者、发明家、政治家、诗人和科学奇才。听起来很厉害吧？但他的家里人并不这么认为，下面就是富兰克林打动他父亲的一封信，让父亲相信他那震惊世界的发明。

美国费城　1752年夏天

亲爱的爸爸:

我必须要写信告诉你, 我最近产生的一个绝对了不起的想法, 它会使你以我为荣的, 你会了解的。现在先来看一下这个想法是如何产生的。

绝大多数人都会说我们度过了一个可怕的夏天, 天气总是非常恶劣, 整天下雨。哦! 我已经想不起来最近不下雨是哪一天了。大多数人已经十分厌倦这种天气, 但我却一直都很快乐。

昨天, 我们知道了暴风雨的成因, 这非常令人激动。而且我也找到了极好的机会来试验

我在雨中歌唱

我的最新发明。等一下你就会知道了! 它是一种保护建筑物免遭雷击的设备。

72

总之, 当我拿着风筝来到室外时, 天上电闪雷鸣, 大雨倾盆。

不要认为我发疯了, 爸爸, 这并不是小孩的野外

游戏，而是严肃的科学实验，而且风筝是我最理想的实验工具。我在风筝上系了一段较长的金属线，并在金属线的尾端系了一把钥匙。我想把闪电吸引到钥匙上。我知道这样确实很危险，但为了获得成功，我知道即使是你也会认为这样做是值得的。

金属线

钥匙

我想把金属线改装成一种避雷针，能吸收闪电并把它导入地下。这样闪电就不会破坏建筑物，最重要的是，不会对里面的人造成任何伤害。

总之，这像一个梦，爸爸，它的效果甚至比我预期的还要好。它起作用了，真的起作用了！闪电击中了我放飞的风筝，并迅速通过金属线传到钥匙上。你能看到钥匙上迸出的火花，是瞬间放电造成的。我做得一直都很对，我不是说你会以我为荣吗？我现在要做的就是多吸引几家电力公司。

我知道他们将会喜欢这个想法，他们肯定不会拒绝我的发明的。这将会使我变得富有。耶！

　　爸爸，我知道你认为所有的科学实验不过是在浪费我的时间。但我怎么能够放弃它们而回到家中的公司呢？制造肥皂真的不适合我，爸爸。但现在，你至少可以看到我对科学的态度是非常严肃认真的。

　　我必须要走了，刚才一个人来电话问我能不能为他的伞做一个轻便避雷针。

　　　　　　　请速速回信，让我知道你的想法。

　　　　　　　　　　　　　　　你的儿子　本

暴风雨天气警告

　　不要在家中做这个实验。富兰克林非常幸运地躲过了雷击。闪电与金属连在一起是足以致命的装置，因为金属是一种良好的导体。随后，有几位可怜的科学家因试图模仿富兰克林的实验而被闪电击死。

　　如果你住在一栋很高的楼房或闭塞的公寓里，你可能会在楼房上看到避雷针。看看你能否认出来。注意看一根伸出建筑物外面的铜条。向上看，你会看到铜条与一根金属针连接在一起，安装在楼顶上。

冰雹是什么

你可能经历过震耳欲聋的雷声和能把人烤焦的闪电，但这还没完——雷雨还会带给人们更大的惊讶。想象一下这种情景：你全身都被淋湿了，看起来像一只落汤鸡，这时……突然感到有一车像石头一样硬的冰雹砸在你的头上。

哟！最好的办法就是把冰雹拿到火炉前，等冰雹融化后你就会弄清楚它是什么了。

1. 冰雹产生于雷雨云中的冰核上下来回运动的时候。每当冰核运动一次，一层水就会凝结在它的表面，当冰核足够重的时候，就会落下来形成冰雹。如果你把一个冰雹切成两半，就会发现它看起来就像一个冰洋葱，透明冰层和霜状冰层交替出现。

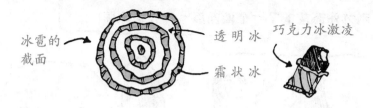

2. 5名德国飞行员更清楚地知道冰雹是怎么形成的。1930年，他们从飞机上跳伞，落到了一个雷雨云中，变成了以人为核心的冰雹——身上罩了一层冰，他们落到地上时，体温几乎降到了0℃。非常不幸，4名飞行员被冻死了，只有1名飞行员奇迹般地活下来了。

3. 飞行员并不是唯一作为冰雹落到地上的生物。在1894年美国的一场雹灾中，一只砖块般大小的海龟作为冰雹落到地上，它也是因为上下乱窜而罩上一层冰的，但没人知道这只海龟是如何飞到天上去的。

4. 假如你遇到了雹暴天气，要紧紧抓住帽子。冰雹的大小像豌豆一样，还不到1克重，但冰雹也可以变得像橘子一样又大又重，甚至能够大到……

5. 1970年9月，在美国堪萨斯州的科菲维勒，落下了一个像西瓜一样大的冰雹，重达750克，周长有45厘米——创下了世界纪录。

6. 大多数雹暴持续时间不到10分钟，却能造成数百万英镑的损失。它们能够摧毁房顶和窗户，把汽车的挡风玻璃砸得粉碎，使树叶落光，而且摧毁农民的全部庄稼，折断大拇指粗细的树枝。在美国，因为雹灾相当严重，所以农民都办理了雹灾保险。

闪电、雷、雨、冰雹和冻僵的海龟……此外，天气究竟还会有什么变化？雷雨云引起的全部天气变化还不仅仅是这些，你有勇气去读下一章吗？在那里你将完全置身于可怕的龙卷风之中，可以说这是所有天气变化中最狂暴的天气。

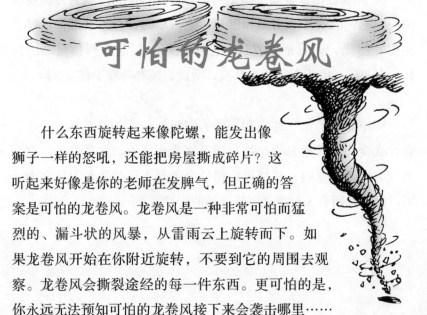

可怕的龙卷风

什么东西旋转起来像陀螺，能发出像狮子一样的怒吼，还能把房屋撕成碎片？这听起来好像是你的老师在发脾气，但正确的答案是可怕的龙卷风。龙卷风是一种非常可怕而猛烈的、漏斗状的风暴，从雷雨云上旋转而下。如果龙卷风开始在你附近旋转，不要到它的周围去观察。龙卷风会撕裂途经的每一件东西。更可怕的是，你永远无法预知可怕的龙卷风接下来会袭击哪里……

龙卷风究竟是什么

在天气变化中，一个变化总会导致另一个变化。还记得雷阵雨吗？它形成于冷锋。它们也是龙卷风的发源地。地理学家并没有完全弄清楚龙卷风的形成原因，不过他们可以推断。你有足够的勇气去探明龙卷风是怎么形成的吗？

让我们再来旋转

1. 在雷雨云内部，空气开始旋转。没有人确切知道这是为什么。这时靠近地面的空气很温暖。

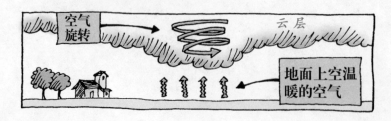

2. 当空气旋转着逐渐接近地面附近的暖空气时，它开始越转越快。

3. 这种空气旋转着吸入地面的暖空气。

吸入暖空气

4. 当暖空气上升的时候，它逐渐冷却凝结，最终形成旋转的漏斗状云层。

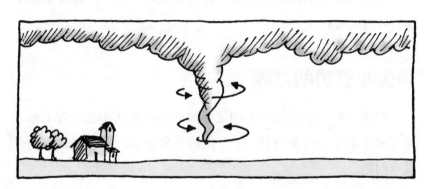

5. 这种云层看起来就像从雷雨云上垂下来的大象鼻子。

6. 当云层接触到地面时，就形成了龙卷风，并开始移动。

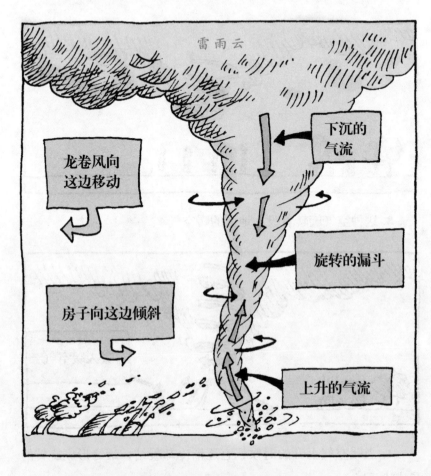

龙卷风在赤道以北总是逆时针方向旋转，而在赤道以南总是顺时针方向旋转。

80

有关龙卷风的难题

想多了解一些有关可怕的龙卷风的知识而又不想绕弯子吗？该专家上场了。这是莫娜——一流的气象专家，她将会解答一些疑难问题。

龙卷风真的那么厉害吗?

不,从风暴的强烈程度看,强度最大的并不是龙卷风,尽管某些巨大的龙卷风可扩大到1千米范围。但影响范围的大小并不能说明什么,龙卷风可能很小,不过它们的能量却是巨大的,这意味着它们会造成大麻烦。

那龙卷风是怎样达到那种程度的呢?

噢,这个大漏斗可能只有直径10米那么粗,但是巨大的能量在龙卷风内部聚集着。事实上,在地球上,龙卷风是最强劲的风,它们的速度可以达到每小时480千米,真是难以置信。

龙卷风的确在移动!

它在移动，大多数龙卷风的移动速度可能比你步行要快一些——你走路最快速度大约每小时6.5千米——它们可达到每小时32千米。而有些龙卷风则几乎是原地踏步，另外一些龙卷风却以每小时115千米的速度飞奔，像一辆速度极快的汽车。

我的步行速度可以超过龙卷风。

你自己走吧!

更快!

那么龙卷风要持续多久呢?

大多数龙卷风可持续5分钟左右，可是有时它们的持续时间也可以从一两秒到数小时。一旦暖空气散尽，龙卷风也就平息了。根据已有的记载，龙卷风持续时间最长可达7个小时。

噢，那肯定是令人讨厌的。这件事一直很令人担心吗？

噢，不是，不总是这样的。要是你的确不走运，你可能会遇到龙卷风的洪流——它们有时成群结队而来，足足有40个。有时迎面遇到龙卷风，你会被风刮得双脚腾空。强劲的龙卷风一般是独立的。可是大多数龙卷风后面拖着小龙卷风，这些小漏斗持续时间也很短，但你仍需要留意它们，它们也会激起最强烈的风。

龙卷风听起来很令人兴奋，我到哪儿才能看到它呢？

实际上，龙卷风在世界上的很多地方都会发生。在英国，龙卷风每年发生的次数高达60次，可是，同真正的飓风比起来，它们算不了什么。如果你想遇到最粗暴、最狂野、旋转最快的龙卷风，你就要朝"龙卷风走廊"的方向走。也就是从美国得克萨斯州向北走……参考一下这张地图。

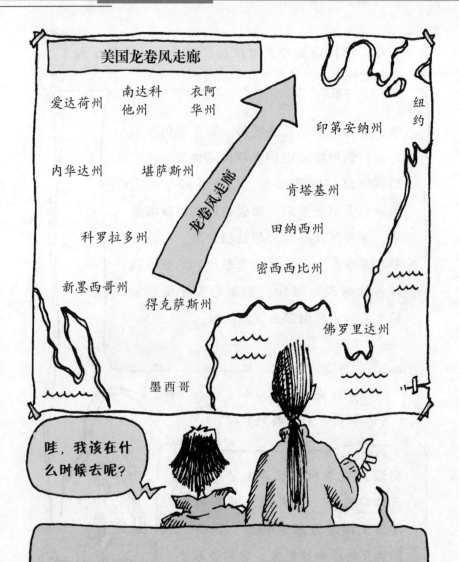

美国龙卷风走廊

爱达荷州　南达科他州　衣阿华州

内华达州　堪萨斯州

科罗拉多州

新墨西哥州　得克萨斯州

印第安纳州　纽约

肯塔基州

田纳西州

密西西比州

佛罗里达州

墨西哥

龙卷风走廊

> 哇，我该在什么时候去呢？

哇，如果你彻底发了疯，就可以在春季和初夏到龙卷风走廊去——住在这个地区的人们在这个季节收拾行装，准备动身去探视远方的亲人（尽管首选不是澳大利亚，在那里龙卷风季节是从当年的11月持续到第二年的5月份）。有趣的是，大多数龙卷风发生在午后2点到6点。

那么龙卷风所到之处必然会造成破坏吗？

一般都是。龙卷风会彻底摧毁途经的障碍物。它可以把汽车抛到空中，将房屋撕为碎片又把这些飞舞的碎片变成致命的武器。龙卷风很吓人，但又奇怪极了，它们在地面实际是跳跃着前进的。也就是说，你家的房子可能被毁得无影无踪，而你邻居的房子却安然无恙！

啊呀！如果在龙卷风最激烈的时候你正好在现场，那么听起来会怎样呢？

目击者将龙卷风的声音描述为震耳欲聋，像疾驰的列车或呼啸的喷气式飞机正从你的家门口经过。龙卷风的声音实在是太大了，即使相隔40千米远也能听到。

或许我还是待在家里为好。

实际上，当龙卷风翻卷着从云层上下来时，它就发出那种恐怖的嘶嘶声。但是，只要它一接触地面，就立即怒号起来!这种声音令得克萨斯州的一个寂静小城镇——加瑞尔镇的人们永生难忘……

1997年5月28日

每日环球

得克萨斯州加瑞尔

得克萨斯的龙卷风撕碎小镇

惊恐万状的加瑞尔居民昨天晚上遭到了近10年来最严重的龙卷风的袭击。短短5分钟的龙卷风，使小镇变得千疮百孔、满目疮痍，并夺走32条生命。这个小镇仅有400人，几乎每一位幸存者都认识这些遇难者。

下午3点15分，悲剧

开始，那时龙卷风刚刚着陆。一位目击者惊恐地看着龙卷风过来了。"天空开始变暗了，"他告诉记者，"然后像漏斗似的龙卷风就从天而降。所有的人都惊恐万分。从远处看，龙卷风只有几厘米高，然后迅速漫过地平线。随着龙卷风越来越近，附近的建筑物差不多都飞了起来。龙卷风把一辆又一辆汽车扔得到处都是。在1000多米的地域内，龙卷风造成了巨大的破坏。"

龙卷风灾害

可恶的龙卷风几乎没有任何征兆就席卷过来，甚至令专家都感到吃惊，因为国家气象总局的气象专家是唯一在龙卷风到来之前半小时就能够听到这种恐怖声音的人。

在灾难即将来临之际，加瑞尔人先是发现下午的天空变得漆黑一片，接着巨大的漏斗伴随着令人恐怖的咆哮出现了，谁也没能跑掉。

着陆

在死去的人中，很多人生前还坐在汽车里，或者待在被龙卷风摧毁的70多间房子里。数十名受伤者至今仍躺在医院里。田野里遍地是牛的尸体，它们是在吃草时被杀死的，景象惨不忍睹。小镇几乎被撕碎了。

当龙卷风速度达到每小时450千米时，真的恐怖之极。这次龙卷风实际上只有4级，而龙卷风的最高风力等级是5级。镇长爱德华·理查斯试图找到恰当的词汇来描述龙卷风所造成的危害。"那里就像战场一样，"他说，"这就是我想说的，我不清楚到底有多大范围变成了废墟。"另一个惊魂未定的幸存者，现在仍在绝望地寻找自己的妻子和女儿。他自言自语道："我的房子没有了，我的一切都没有了。"

营救工作正在进行之中，志愿小分队在猎狗的帮助下，仍在废墟中寻找，希望能够找到幸存的遇难者。理查斯镇长又说："我们仍希望找到幸存者，但是这只能祈盼出现奇迹。"

肆意横行

龙卷风的最终目的并不是捣毁一个小镇。在龙卷风的中心地带，压力迅速下降到只有外部空气压力的一半，这迫使周围的暖空气迅速上升冲进大漏斗里，从而使龙卷风越转越快。（地理学家称这种螺旋风为旋风。）当龙卷风像青蛙一样在地面上向前跳跃时，所过之处的东西被全部吸起，像一个巨大的真空吸尘器，然后再甩掉那些东西——龙卷风可以将城镇夷为平地。

大多数人并不知道龙卷风可以……

▶ **引起倾盆大雨** 在某种程度上，也可以说是下鱼雨和青蛙雨。当龙卷风刮过湖泊或池塘时，它可以把动物从水中吸起，把他们带走，直到龙卷风没有劲了，再把动物扔到地面上。

啪！摔成肉饼！龙卷风不仅吸起黏滑的鱼和青蛙，也能够吸起：

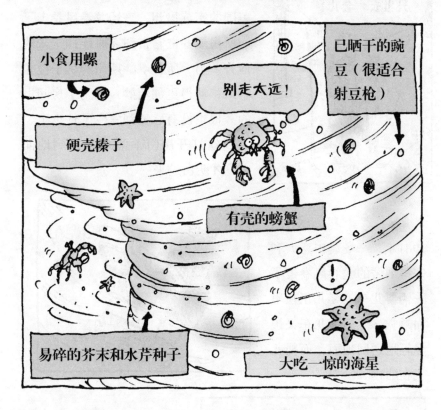

小食用螺

硬壳榛子

别走太远！

已晒干的豌豆（很适合射豆枪）

有壳的螃蟹

易碎的芥末和水芹种子

大吃一惊的海星

▶ **卷走火车** 人们都听说过龙卷风可以卷起汽车再把它抛出去。可在1931年5月，龙卷风到达美国明尼苏达州时，将一列重达350吨的火车——纽约建设者号举起，火车脱轨后被龙卷风卷走并扔到25米外的沟里。哇！令人惊讶的是，仅有一名乘客遇难。

▶ **移走房屋** 1880年4月，在美国的密苏里州，一场龙卷风卷走了一所房屋并把它带到离原址19千米的地方。另一所在堪萨斯州的房子被龙卷风移动得更加巧妙，以至于房间里的人根本没有感觉到发生了什么事，直到他打开房门下落40米摔到地面上，才明白过来。

▶ **卷走婴儿车** 1981年，一场袭击意大利安科纳城的龙卷风卷走了一辆婴儿车，婴儿正在里面睡觉。然后婴儿车又被轻轻地送回地面，而婴儿仍在酣睡。

90

▶ **拔去鸡毛** 实事求是地说，一些令人讨厌的地理学家将这种现象归因于大气压。当鸡突然置身于龙卷风的低压中心时，鸡毛内的空气压力突然高于外部气压，使得身上的鸡毛脱落下来！另一些人认为是强劲的龙卷风把鸡毛吹得全部脱落了。不可思议！

▶ *改变颜色* 由于从地面吸起灰尘和污物，大多数龙卷风显现为黑色或灰色。如果龙卷风吸起红土就变为红色，如果吸取水蒸气后它又变为白色。那么粉色龙卷风是怎么回事呢？1991年4月，龙卷风经过堪萨斯州的威奇塔时，风里有许多粉色的鲜花。原来，小镇的苗圃里堆积着为母亲节准备的天竺葵花。龙卷风卷过那里，由于夹带很多花瓣而变成了粉色。噢！

亲爱的，真的很美。

▶ *找回丢失的宠物* 1986年4月，得克萨斯州斯威特沃特镇的一场龙卷风将一辆汽车卷起，并将车的后挡风玻璃毁坏。赶过来帮忙的警察发现有一个受惊的宠物小猫在车的后排座上，它不是车主的，而且在风暴之前也没有待在车上。小猫最后回到了它的欣喜若狂的主人那儿。啊！

▶ *将人举起来* 想象一下，如果你恰好在龙卷风的中心，那里究竟会是什么样的？几乎没人能够看到龙卷风内部并且能够活下来告诉我们实际情况。一件极特殊的事情发生在农场主罗伊·豪的身上。1943年5月3日，一场龙卷风袭击了他的家乡得克萨斯州的麦肯尼。一家人在风暴肆虐时躲在卧室里，几秒钟后，周围的墙倒塌了。下面就是罗伊·豪所描述的可怕的经历。

州长，我这里找到很多丢失的宠物！

当墙倒塌时，风暴的尖叫声突然停了下来。就像是用手捂住了耳朵，不让噪声进入耳朵一样，我能听到的唯一声音就是我自己的心跳声。寂静其实更加可怕，一种奇怪的蓝光照亮了整个房间。突然，我被一堆残砖碎瓦给埋起来了，我变得惊慌失措。我一手紧紧抓住我的女儿，一手扒碎片，向外寻找逃生的机会。当我正等着龙卷风卷走我的房子时，我看到……

龙卷风在我头上翻滚着，并在那儿盘旋着几乎不动，它似乎一直在我们周围旋转。我突然意识到自己所处的位置，我们正处在旋风的中心区……

……的确在龙卷风的中心位置，在龙卷风真正的内部旋涡中！我抬头往上看去，看到一个约有3米厚的明亮的云墙包围着我们。我们好像是置身于一根一直向上伸展的数百米长的排水管里，这根"排水管"有些轻微摆动，并向一边倾斜。在我们所站的地面上，大漏斗的直径有150

米长。越向上去，直径越长。有一部分云还发出一种奇怪的光，就像是摇曳的荧光灯。

然后，就在我认为我们必死无疑的时候，我看到了漏斗的尖部摧毁了邻居的房屋。太恐怖了！房子被击得四分五裂，好像它们是用火柴棍搭成的一样，木头向四周乱飞。我真的以为我们死定了。

可是龙卷风来得快，去得也快，转眼就无影无踪了。我们被猛击了一下，浑身青一块紫一块，可我们至少活下来了。

龙卷风继续向东南方向移动，幸运的是，豪一家人几乎没有受到任何伤害就脱离危险了。尽管他们的房子已变成一片废墟，可他们都认为这个代价是微不足道的。

地球上令人震惊的事实

1996年，SOHO号太空探测飞船探测到太阳上发生了一组巨大的龙卷风。每一个龙卷风直径都有整个地球直径那么长，而且旋转速度高达每小时480 000千米。这使得地球上的龙卷风看起来就像是小孩子玩游戏一样。

茶杯中的风暴

那么专家们是如何看龙卷风带来的恐怖灾难呢？请我们自己的专家莫娜出场。

即使对于像我这样一个高级气象专家来说，测量龙卷风的强度也是一项很棘手的工作。看了下面的内容后，你就知道那些理由是多么堂而皇之了。

①没有人能够找到一种有效的办法可以预知龙卷风在何时何地发生。所以我们所遇到的第一个问题就是恰当的时间和恰当的地点。而且即使奇迹发生，我恰巧在龙卷风出现时在现场，那么我又怎么恰巧随身带着我的测试仪器呢？我可以告诉你，这种概率太小了。我不可能总是带着仪器到处走，因为这些仪器太重了。

②龙卷风内部的风力太强，即使我真的恰好在恰当的时间和恰当的地点遇到了龙卷风，并且随身带着全部的测试仪器，龙卷风也会将它们摔成碎片。

那么，我该怎么办呢？幸运的是，有人用佛吉塔龙卷风等级来描述龙卷风的强度，按照龙卷风所引起的破坏程度可将它划分为6个等级，然后再猜测相应的风速，下面就是如何划分等级的……

拿住它，我把它拿近点看！

佛吉塔龙卷风等级

等级	风速	破坏程度
F0级	64—117千米/小时	轻微
F1级	118—180千米/小时	中度
F2级	181—251千米/小时	较大的
F3级	252—330千米/小时	严重的
F4级	331—417千米/小时	毁灭性的
F5级	大于418千米/小时	难以想象的

翻到下一页，看看破坏程度的详细说明。

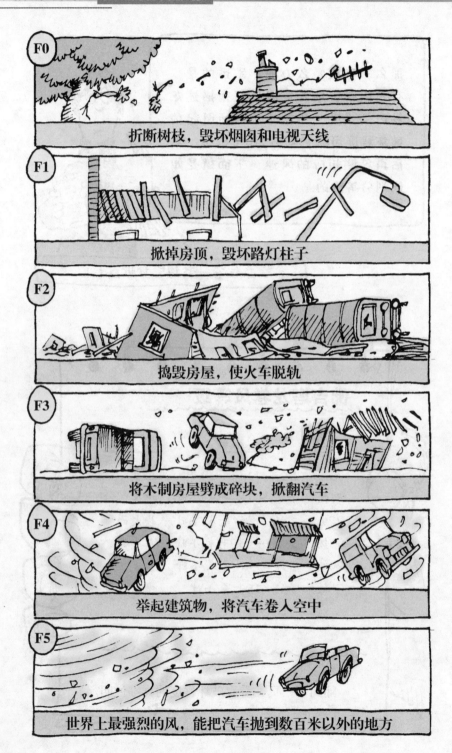

F0 折断树枝，毁坏烟囱和电视天线

F1 掀掉房顶，毁坏路灯柱子

F2 捣毁房屋，使火车脱轨

F3 将木制房屋劈成碎块，掀翻汽车

F4 举起建筑物，将汽车卷入空中

F5 世界上最强烈的风，能把汽车抛到数百米以外的地方

这个龙卷风级别是根据西奥多·佛吉塔（TF为缩写）教授的名字命名的。西奥多·佛吉塔先生对龙卷风的研究近似疯狂，他甚至在实验室里制造了一个龙卷风。为什么他要这么做呢？噢，可怜的佛吉塔教授必须苦等30多年才能首次看到真正的龙卷风。他甚至用数字TF0000作为他的车牌号！最后他再也等不下去了，于是发明了用茶杯制作风暴。下面就是他的发明。

佛吉塔教授设计的桌面式龙卷风制造机

顶部电风扇向上吸空气

旋转充满空气的金属杯

小白漏斗如同微小的龙卷风

把干冰★倒在水里制成云一样的蒸气

一点聚苯乙烯，如果你把这些聚苯乙烯扔入水中，旋风就会吸起它，再把它抛出去

盛水盘

★ 从技术上讲，这是由二氧化碳气体变成液体后再凝固形成的。

你敢测试龙卷风吗

好，大多数人没有那么奢华的实验室。还有其他办法可以制造龙卷风，实际上，根本不必担心，这并不难……

你需要什么：

▶ 一个空的大塑料水瓶

▶ 一些水

▶ 一个洗手池

应该怎么做：

1. 在瓶里装半瓶水（这一点很容易做）。

2. 站在水池旁边（不要忽视这一点）。

3. 把瓶子倒过来，然后迅速旋转瓶子使水旋转起来（你需要反复实践这个步骤）。

4. 停止旋转瓶子。

会发生什么情况？

a）水垂直流出去。

b）水继续在旋涡中旋转。

c）你妈妈在喊你，因为洗手池不见了。

答案

b）为正确答案。你知道你所做的事情吗？你已在旋转中使涡流产生，并且涡流一旦产生了，它就会继续旋转，这和龙卷风里发生的事情是一样的。

你能成为龙卷风的追踪者吗

渴望见到真实的龙卷风的人并不只有佛吉塔教授一个。一些人忘记了足球和集邮而以追踪龙卷风作为自己的乐趣。他们的目的就是要设法找到龙卷风，垂直进入到龙卷风中心区，再将这一切拍摄下来并且不受到任何伤害。想得太美了，对吗？你很坚强吗？敢于追踪龙卷风吗？

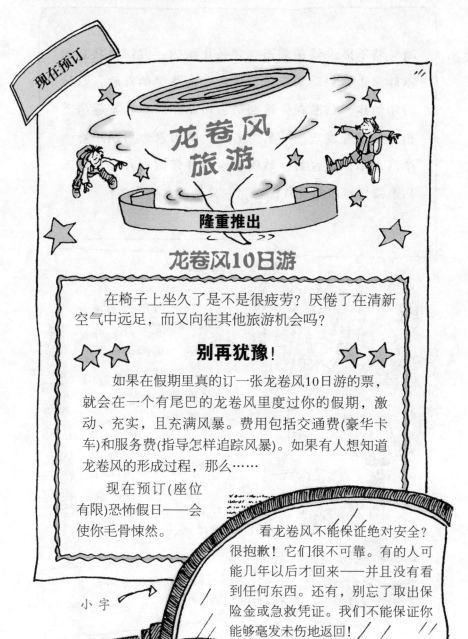

现在预订

龙卷风旅游

隆重推出

龙卷风10日游

在椅子上坐久了是不是很疲劳？厌倦了在清新空气中远足，而又向往其他旅游机会吗？

别再犹豫！

如果在假期里真的订一张龙卷风10日游的票，就会在一个有尾巴的龙卷风里度过你的假期，激动、充实，且充满风暴。费用包括交通费(豪华卡车)和服务费(指导怎样追踪风暴)。如果有人想知道龙卷风的形成过程，那么……

现在预订(座位有限)恐怖假日——会使你毛骨悚然。

小字

看龙卷风不能保证绝对安全？很抱歉！它们很不可靠。有的人可能几年以后才回来——并且没有看到任何东西。还有，别忘了取出保险金或急救凭证。我们不能保证你能够毫发未伤地返回！

莫娜关于跟踪龙卷风的警告

噢，我不能说我的想法一定是正确的，但如果我真的不能阻止你们离家去进行这样一次莽撞的冒险，我只好劝你作一些准备。这些警告可以帮助你在龙卷风袭击你之前先发现它。另一方面，你自己也可以培养一个与众不同的爱好。我听说滑雪非常激动人心，然而与追踪龙卷风相比较而言，它又是非常安全的！

提示1

出发前你需要准备一张很精确的地图，并且要了解那一带的地形。实际上，如果没有一个好向导，你的确不应该离家出走。我要是你，才不会那么傻呢！你需要一部移动电话以备出现紧急情况时使用，并且最好还有其他人和你在一起。（你是否知道还有谁也傻乎乎的？）——否则当你陷入困境时将得不到任何人的帮助！

提示2

你每天要驾车行驶800千米，所以你需要有一部便于旅游的舒适汽车（你也可以在车里睡觉）。噢，是的，闪电会带来很大的危险。但如果你坐在车里面至少应该能受到很好的保护。（感觉到要出发了吗？）

提示3

至于潜在的危险……开始时，你首先应该知道你想要寻找什么。有些龙卷风的漏斗形状非常完善，所以它们很容易辨认。而其他一些龙卷风看上去乱作一团，它们更像一个个肮脏的、不能结合在一起的旋涡。（当你起床时，看一下你的头发的形状！）它们可能潜伏在云层的后面，藏在山或树的后面，你必须时刻保持警惕。

101

提示4

　　现在答应我，不要靠龙卷风太近！它是极其难以预测的，要是龙卷风大发雷霆，你必须扔掉照相机迅速逃到附近某个地方躲起来……速度一定要快！

提示5

　　好，现在假设你已认出了龙卷风，但是它好像并没有移动。要注意观察它，一秒钟都不能放松。它可能正在向你逼近！如果认为你可以逃脱龙卷风的魔爪，那你就错了，它会抓起你！而不是把你赶到马路的另一边去……等着。

好，这就是我给你的所有忠告。现在，告诉我你还想去吗？你已改变主意了？唔，谢天谢地，你真让我担心！

　　你可能认为没有比这更恶劣的天气了，最艰苦的事莫过于追踪龙卷风了。然而你错了，你会遇到一场更加猛烈的风暴。赶快去看下一章——它会使你更加毛骨悚然……

令人毛骨悚然的飓风

它们在大西洋上是令人恐怖的飓风，在太平洋上是轰隆作响的台风，在印度洋上是凶猛的旋风，在澳大利亚又被称为大旋风。你可以随意称呼它们，反正指的都是同一件事，疯狂地旋转着的特大风暴席卷过热带海洋，宛如巨大的宇宙车轮。忘掉雷阵雨和龙卷风吧！这才是真正的风暴。地球上最危险的风暴是飓风！它的破坏力比其他所有风暴天气破坏力的总和还要猛烈，从而夺走更多人的生命并造成更大的破坏。

飓风究竟是什么

飓风是从海上来的。但是，它对海是有选择的，即必须是平静、温暖、潮湿的海洋，如加勒比海等热带的某些海洋。猛烈的飓风最理想的午餐是温暖的天气和水蒸气的混合体。而飓风又形成了云和雨，顺便说一句，飓风每天大约吸取20亿吨水，然后再把这些水作为雨水降到地面！

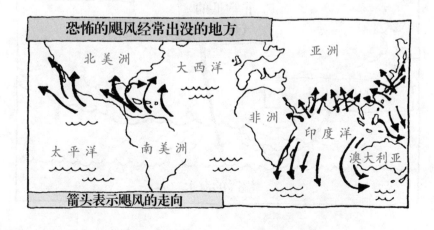

103

飓风内部

1. 温暖的海水使得海洋上方的空气变热，温暖潮湿的空气迅速上升……

2. 海平面的气压变低，更多的空气开始螺旋式上升。

3. 地球自转使上升的空气围绕一个叫风眼的中心旋转。

4. 上升的空气冷却、凝结后形成塔状的雷云和骤雨。

5. 飓风旋转着离开了。再见!

飓风在北半球逆时针旋转，在南半球顺时针旋转。

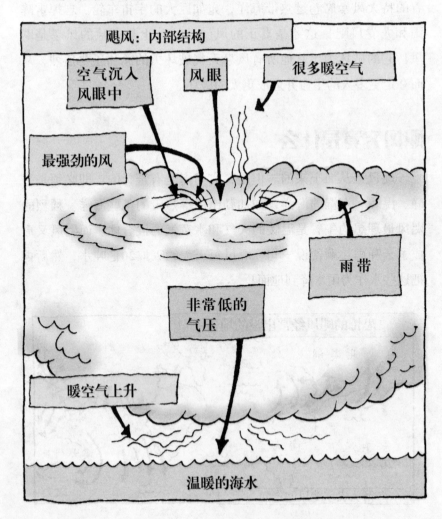

飓风: 内部结构

空气沉入风眼中

风眼

很多暖空气

最强劲的风

雨带

非常低的气压

暖空气上升

温暖的海水

揭示令人恐怖的飓风的成因

说到飓风，我可以肯定的一件事是，飓风很大，相当巨大。我是说飓风的直径，是龙卷风直径的2000倍！那些飓风的确是太大了，即使是最小的飓风也不会比整个冰岛小。真正的巨大云层横亘在澳大利亚的南北，飓风的云也太高了，差不多有10千米那么高，想象一下所有的风暴都笼罩在你头上的情景！

现在你看飓风！　　　　现在你别看！

澳大利亚

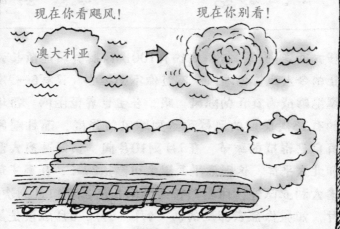

要想制造飓风，需要有速度极快的大风，每小时至少119千米才够格。当然，按飓风的标准，这点速度算不了什么，它们可以比这更快更猛。是的，大级别的飓风，其风速要比每小时300千米疾驰的火车还要快。你可以在飓风的风眼墙里看到最猛烈的风，风眼墙是指风眼周围迅速旋转着的云。风眼越小，风的转速越快。一想到这些，我就颤抖！

在美国，根据飓风的速度、气压和损坏程度，可以把飓风分为1到5级。1级意味着你身边有一个微型飓风，幸运的是这不会产生任何混乱。可是到了5级飓风，那就会造成大规模的灾难。这些凶手将会带来巨大的灾害，所以你最好能离它远点儿！

在大西洋海域，每年大约有100次风暴有可能成长为真正的令人恐怖的飓风。不过你不必担心，只有6—7次风暴能够成为真正的飓风。唔！在全世界范围内，每年大约有35次典型的风暴可达到飓风的强度。而且飓风也有自己形成的季节。在7月到10月间，最好远离大西洋和北太平洋，这时海平面温度可高达27℃。在南半球除澳大利亚以外，风暴的持续时间是从当年11月到次年3月。如果你想去那里的话，4月、5月、6月应该是最安全的季节，你可以乘坐四星级豪华游轮前去旅游。

由于某些离奇的缘故，科学家把小飓风称为"秧苗"。开始时这些飓风是一股很小的雷雨云，然后在它们"开花"变为一定规模的风暴之前，在海上漂过数千千米。"开花"的飓风经过一段时间后到达了应到之处。但是它们也可能仍以相同步伐继续移动一星期左右，日复一日，日夜兼程。因此它们自然就会覆盖某些地区！我一定要离它们远远的！

地球上令人震惊的事实

飓风也是有用处的。一场中等规模的飓风释放出的能量比原子弹的能量还要大。如果能将飓风在一天内的能量转化为电能，这些电能足够全美国使用6个月——想想看，那要节省多少钱。不过，目前这绝对是异想天开。这个想法有个微不足道的缺陷，那就是没有人知道如何将飓风能量转换成电能——噢，你想收集到这些能量吗？别做梦了！

风暴之"眼"

在旋转的风和云中间是一个圆洞形的垂直低压区，直径有6—60千米长，这就是风暴"眼"。你有足够的勇气探索这些风暴眼吗？一些有勇气的地理学家这样做只是为了谋生。他们乘坐特制的捕捉飓风的飞机垂直飞入风眼。那么他们究竟为什么要冒这么大的险呢？噢，进行准确的测量是他们唯一的目的，他们可以通过这种方式了解风暴的强度以及飓风的走势（也可以用卫星和雷达监测）。然后他们就会发出飓风警报。此外，这种探测也具有很大的危险性，但如果你是喜欢冒险的人，不妨去试一试！正如这个勇敢的飞行员在这次非常伤脑筋的飞行中所看到的一样。

穿越风暴

在密西西比州百乐西城的凯斯勒空军基地，空军上校查克·科尔曼刚刚结束了对全体机组人员的情况通报。"最后请注意，"他告诉小组成员，"好消息是赫拉克勒斯号是一架非常好的飞机。在两年的飞行中无一次出现故障。坏消息是其他小组自1947年以来已损失了3架飞机。要是你们不得不把飞机迫降到海面上，你们可能不需要救生衣——生存的概率几乎是零。再见，伙计们，祝你们好运！"

　　1小时以后，即1977年9月2日午夜时分，全体机组人员登上巨大的赫拉克勒斯WC-130飞机准备起飞。他们是美国空军920天气观测小分队的成员，著名的"风暴追踪者"。直接飞到真正的飓风中心是他们的任务。安尼塔飓风盘旋着，猛烈地横扫墨西哥湾上空，逐渐变成这一年中最严重的风暴，这种风暴很容易变成杀手。机组人员已掌握了飓风的一些情况。迈阿密国家飓风研究中心正忙于搜集安尼塔飓风的最新资料。现在为了测量和探测飓风路径，赫拉克勒斯将要飞入飓风眼中。进入风眼，机组人员将抛出一个降落伞，降落伞挂着一个金属圆柱体，里面装有测量仪器，可以测量风暴内部的气压、温度和湿度。圆柱体名叫下投式探空仪，其内部装有无线电发射机，可以将数据传送回飞机。这就是计划。

凌晨1时，巨大的飞机轰隆隆地滑过跑道冲向漆黑的天空。大约两小时以后，耀眼的闪电照亮了天空和海洋。种种迹象表明，他们正在靠近飓风和他们的最终目的地。

"伙计们，现在请每个人都把皮带系好，"飞行员宣布，"同时也把其他东西捆牢，我们差不多要到了……"

与此同时，巨型飞机开始剧烈摇摆振动，被闪电和骤雨抛来掷去。领航员的声音在震耳欲聋的嘈杂声中断断续续："似乎风眼就在我们头上，但是雨太大，在雷达上什么也看不清……我们肯定已经穿过了汹涌澎湃的区域。我再在电脑上检索一下……该死，我们刚刚错过了风眼，回去再试一次吧。"

在一个多小时的时间里，巨型飞机一直试图进入飓风。可是怒吼的狂风和猛烈的暴雨每次都挡住了飞机的去路，似乎风暴本身就不愿意让飞机进入。大约是凌晨4时，领航员的声音又响了起来。"等一会儿，"他说，"我们头上有什么东西，看起来像是一个洞！"

"大家是否都将自己绑牢了？"飞行员询问道，"飞机将会颠簸。"

"罗杰，一切准备就绪。"应答声传来。

飞行员是正确的，飞机突然上下颠簸，剧烈摇晃，似乎要被分成两半。危急关头，飞行员熟练地驾驶着飞机正确地进入飓风，现在他们正在通过飓风的眼墙，在那里他们已感到了最强劲、最猛烈的风。现在飞机猛烈摆动，被可怕的气流吹得就像轻飘飘的羽毛一样四处飘荡。骤雨就像汹涌而至的洪水一样从天空漆黑的云层中倾泻而下，太恐怖了。

在头几分钟内，飞行员束手无策，由于害怕而屏住呼吸。接下来，可怕的现象突然消失了，"我们到了，"如释重负的飞行员宣布，"我们目前在风眼里，看起来风眼的直径约有22千米。"他们成功了。

一旦进入风眼，机组人员就开始工作——对风暴进行测量，并将下投式测量仪收集的数据传送到迈阿密飓风研究中心。仅用了45分钟他们就完成了任务。然后他们准备返航，离开风眼，再一次穿过怒吼的狂风和骤雨。如果说出发时的航行很可怕，那么返航时就更加糟糕。最终，在上午9时，疲惫不堪的飞机摇晃着但却安全地返回了基地，在凯斯勒空军基地着陆了。

幸运的是，安尼塔飓风并没有成为凶手，赫拉克勒斯号飞机做了一件好事，他们的探测资料表明，可以提前发布飓风预告，使得在风暴出现的区域内，人们可以提前转移到安全地带。而全体机组人员则对这次飞行终身难忘。

可是为什么他们到达飓风中心位置时，情况突然不一样了呢？他们在风眼里看到的是什么样的天气呢？是……

a）暴风雨天气。

b）冰冷而多雾的天气。

c）平静而清新的天气。

答案

c）是正确的。令人惊奇的是，飓风风眼中的天气晴好，天空湛蓝，微风徐徐。完全不像其周围地带那样咆哮怒吼。事实上，这一地带的天气是那样的晴朗，有时你甚至可以看到下面的海平面并能抬头看到天上的星星。有时飞行员可以看到成千只惊慌逃窜的海鸟被困在这一平静的圆圈地带。如果你在陆地上，当风眼经过你的头顶时，风暴就会暂时停止。不要被眼前的假象蒙骗，此时你最好躲起来！这是在另一半爆炸性风暴到来之前的寂静！

谢天谢地，风暴过去了。

为飓风命名

一旦发现了飓风，就要为它起个名字，以免与以后的或其他风暴混淆。这些名字取自一个名单，这个名单是按照字母顺序排列的，每年拟定一个新的名单。

给飓风命名是澳大利亚的气象学家克莱门特·L.雷吉从1890年开始的。他被他的论敌称为"多雨"的雷吉，他当然也有很多这样的论敌。他总是和人们争吵，尤其是那些傲慢的政客们。这些人是那样顽固而不通情理，他给他们写了一封又一封关于治国良策的信，但并没有引起他们的注意。他们的确很差劲。

他们给予了答复。"亲爱的雷吉先生，感谢你的有趣的信！不凑巧的是，我们现在忙得没有时间读这些信，抱歉。"呸，克莱门特生气了，他决定亲自把信取回来。

没时间看我的信，我要写信控告他们。

可是有什么办法呢？他能够想到的最狠的招数是什么呢？他想出来的事连政客们都想不到。他想到一种最难驯服的、变化无常的暴风雨天气——飓风。于是他开始用那些令人讨厌的政客们的名字给飓风命名，这使他们很不高兴。

20世纪为风暴命名的方法是从美国的一位热爱音乐的无线电操作员开始的。那是在第二次世界大战期间，当他的同事把一条风暴新闻报告给美国飞行员时，在背景中听到了他的口哨声！他双唇间发出的歌曲似乎都在断断续续地说着："每一缕微风似乎都在小声唱着路易斯。"这次风暴马上以"路易斯"为名并沿袭下来了。此后，人们就以女人的名字给飓风命名，所以飓风经常是气象员的妻子或女朋友的名字。后来在男人们的要求下，在飓风的花名册上也出现了他们的名字。气象学家还特别将那些恐怖又难听的飓风名字从名单上清除掉。以后再也不用像安德鲁、卡罗尔、弗洛拉或克劳斯这些名字给飓风命名了。你想用谁的名字为飓风命名？你最喜欢的地理老师怎么样？

向外看，飓风就要来了！

汤金斯，你能再大点声说一下热空气吗？

可是名字有时候也会误导大家。一些飓风的名字听起来似乎连一只苍蝇也伤害不了，然而它们却能导致巨大的破坏和混乱。有次袭击美国的最猛烈的飓风的名字听起来非常甜美。哈！准备迎接巨大的卡米拉飓风。

1969年8月，美国密西西比州帕斯克里斯琴市

1969年8月17日早晨，密西西比河沿岸的人们正忙于把自家的房屋或办公室用木板堵住，然后迅速地逃向内地。这一地区已得到卡米拉飓风的警报，被专家称为"最危险的风暴"即将来临。随着时间的推移，通往内地的交通变得拥挤不堪，而且来自飓风

的威胁也在逐渐增加，广播和电视不停地播发飓风警报，而警察和政府官员们催促人们快速转移。

可是有些人不理会这些通知。他们在酝酿着另外的计划，准备在晚上实施。

邀请你
参加飓风聚会

地 点：密西西比州帕斯克里
斯琴市瑞切利鲁公寓

时 间：1969年8月11日8点
开始至深夜

请带一个瓶子来制作旋转物体。

R.S.V.P

居住在帕斯克里斯琴市的沙滩豪华公寓的当地居民，不打算离开城市，而是想举办一个观察飓风的聚会。他们希望聚在一起喝酒吃饭并且和朋友共度一段美妙的时光。他们期望能从远处观看风暴，认为风暴会从东边开始横扫几十千米。可是风暴没有那样移动，卡米拉飓风在最后时刻调转了方向，直奔帕斯克里斯琴市海岸沿线而来。时间已经是晚上10点30分了，飓风宴会正开得热烈，而飓风也正刮得猛烈。

　　参加宴会的人万万没有想到瑞切利鲁公寓会成为飓风的最直接通道。风暴在这个地方掀起了滔天巨浪，导致了海岸沿线城市的灭顶之灾。飓风过后，公寓大楼除了混凝土地基之外，其他部分荡然无存。更加糟糕的是，24位宴会参加者只有1人幸存，下面是她讲述的故事。

　　玛丽·安妮·格兰奇女士在遭到风暴袭击时正和丈夫弗兹参加宴会。格兰奇夫妇曾经参加过飓风宴会，也希望亲眼目睹这次飓风。他们以前从来没有看到过飓风。此刻，猛烈的海风撞击着二楼客厅的窗户。

　　格兰奇女士描述着接下来所发生的事情："我们躲到卧室里，几分钟后传来了一声可怕的巨响，好像是窗户被折断了。我们并排站在门口，试图不让水流入屋内。可是大约5分钟后，床就漂起来了，差不多顶到了天花板。几乎可以感到大楼就像小船一样来回晃动，我意识到我死定了。"

　　格兰奇女士不知怎么的就脱离了窗户并抓住一个枕头当救生圈。

　　到了外面以后，她又被冲到一些电话线附近，并被缠住。她看到自己的丈夫消失在她后面的海浪里，再也没能上来。接下来，她看到了更加恐怖的一幕：整个瑞切利鲁公寓剧烈地摇晃、破碎，最后分崩离析了。

　　与此同时，格兰奇女士挣脱了缠绕着她的电话线，然后她又被冲走了。此刻风速已经达到每小时320千米，风大得使她几乎无法喘气。"大树和碎瓦片都向我涌来，"她回忆说，"风太猛烈了，我什么都抓不住。我掠过房屋、树梢，浮起约有两层楼高。周围全都是水。"

　　最后，格兰奇女士被冲到距海滩大约8千米远的树顶上，她一直待在那儿到第二天早晨。黎明时，她昏迷了好久。当她醒来时，听到人们在喊叫。她睁开眼，首先映入眼帘的是一个被树枝穿透的人的颅骨。那是从附近的墓地冲来的，那种景象是多么可怕呀！

117

后来，人们发现了她，并把她送入医院。她说："现在不管什么时候听到飓风警报，我都和别人一起逃离。"

参加那场飓风宴会的人有的被淹死，有的被倒塌的大楼砸死了。卡米拉飓风的风力等级被列为5级，这是它在20世纪第二次袭击美国。258人因此而丧生，68人失踪。据估计，损失达10亿英镑。凶手卡米拉飓风也被称为袭击美国的最强烈的风暴之一。

曾经是最猛烈的暴风雨天气

然而，当你追踪飓风时，无法断定它下一步会做什么。可怕的飓风神秘莫测，在你察觉不到的时候，它就会改变路线，正如澳大利亚达尔文市的人们所发现的那样。在1974年圣诞节，特雷西飓风让这座城市变得面目全非，并夺走了50人的生命。这意味着飓风能够顺利地越过几十千米的海岸线。

那么，气象学家能够发现飓风并阻止它们吗？答案是肯定的，至少他们正在尝试。随着像飞机、卫星和超能计算机等现代科学技术的不断进步，风暴预测工作将变得越来越准确，并且能够提供早期警报，从而挽救众多的生命。但要想领先风暴一步行动也并非易事。

严格 👁 的 👁 风暴观测

　　研究风暴的科学家叫气象学家。可气象学和天气究竟有什么关系呢？实际上，这起源于古希腊的一个词汇，你已猜到了，是流星。古希腊人认为是流星（他们认为流星是由土、气、火和水组成的——事实上，希腊人认为整个宇宙都是由土、气、火和水组成的！）导致了暴风雨天气。现在我们知道流星是彗星破碎后的石块闪烁着划过天空形成的。流星和天气毫无关系！可是气象学的名字里照样含有流星的意思。

气象学在发展

　　亚里士多德是最早研究气象的专家之一。他是希腊人，生活在公元前4世纪。大约公元前340年，他写了第一部有关天气的著作，称为《气象学》。真妙！亚里士多德在书中陈述了他的新主张。尽管并非每一件事都解释得非常正确，但是在长达2000多年的时间里人们一直相信他的学说。

　　到了16世纪，科学研究取得了重大突破。地理学家们不只是着眼于风暴天气，而且制作了一种真正能够测量天气的仪器。他们还发明了一种用来测量和记录天气情况的新仪器。还记得托里切利吗？据说他就是在这个时候发明了气压计，同时，他的地理老师伽利略发明了温度计。

119

地球上令人震惊的事实

到了19世纪中期，人们常常是当风刮过脸颊时才知道风暴即将来临了。那时，既没有传真又没有电话，邮政也指望不上！1844年，美国人塞缪尔·莫尔斯想出了一个发送消息的新方法——使用他的新发明：电报。

轰！

要是能在恶劣的天气里多待一会儿该多好呀！

到了19世纪末，许多大城市已经被电报线连接起来了，甚至在欧洲和美洲之间也是如此。那么这些电报线和天气有什么关系呢？这意味着可以快速将重大信息传到很远的地方。就是说，如果你住在美国，当你知道英国正在形成风暴时，你会不把这个消息告诉其他人吗？

你能成为气象学家吗

现在全世界的数以千计的气象学家正努力揭开风暴天气的秘密，他们知道得越多，就越能挽救更多的生命和财产。好消息是，气象学家始终在研究这一问题；坏消息是，气象学不是一门精确的科学。这意味着它可能会出错，可怕的错误。你可能因此而责备大气层难以捉摸。天气反复无常的变化方式使得它变得极其难以追踪。

你已经具备了气象学家的素质了吗？风暴天气的观察工作适合你吗？在你开始这一课之前，先回答这3个简单问题：

1. 你有聪明的数学头脑吗？　　　　　　　　　是 / 不是
2. 你是使用计算机的高手吗？　　　　　　　　是 / 不是
3. 你的视力好吗？　　　　　　　　　　　　　是 / 不是

如果你对于以上3个问题的回答都是肯定的，那么祝贺你！直接进入下一步，许多气象研究必须进行复杂的数学运算，并要借助计算机来完成。要是你的数学不是太好的话，恐怕就要被难住了（当然你可以成为一名地理老师。问一下你的地理老师是否喜欢数学）。良好的视力是很有用的，因为即使有了最先进的设备，也要站在室外用眼睛观测天空！

气象学中观测气象的6个简易步骤

由聪明的莫娜来告诉你应该怎样做：

第一步：测量天气情况

你最好先拍摄一张天气情况的照片，以便测量一些基本的天气变化，如风、气压和降雨量。

为了测量这些数据，你需要有自己的气象台。你很可能需要这些装备，所以你最好自己动手来制造一些最基本的设备。

测量气压用的气压计，单位使用百帕。想知道更多关于大气的知识可参看"令人敬畏的大气层"那一章。

温度计用于测量温度，单位用摄氏度（℃）或华氏度（℉）。想了解更多内容请继续往下看。

气象学家将这些气象仪器放在一个称为斯蒂芬森屏风的木盒子里。这个木盒子可以抵挡太阳和风。

地球上令人震惊的事实

温度的单位是由两位崭露头角的科学家命名的，加百利·华伦海特（1686—1736）和安德斯·摄尔修斯（1701—1744）。年轻的加百利生活条件相当优越，他1686年出生于波兰，家境富裕。可是情况很快发生了巨大的变化。他刚刚15岁时，他的父母因为吃了一些毒蘑菇而双双身亡。可怜的加百利成了孤儿，他只好到欧洲的其他地方去谋生。幸运的是，他遇到了不少朋友，其中之一是丹麦的科学家奥拉夫·罗莫尔。研究温度计是老奥拉夫最大的爱好。他鼓励加百利自己也做一个。加百利是个爱动脑筋的人，他在原来的基础上进行了改进，增加了温度刻度。温度刻度是从冰的熔点32华氏度开始，上升到水的沸点212华氏度。开始和结束的温度似乎都是温度计上很奇特的地方。但是这一结果很快被接受，至今还被一些国家采用。这为加百利带来了荣誉或财富了吗？没有，他至死都没有得到一分钱。

安德斯·摄尔修斯从另外一个角度确定了温度计的刻度。起初，他是瑞典的一所著名大学里的一位极有名望的教授，讲授天文学。他发明的另一种温度刻度单位从0℃上升到100℃。这种温度刻度单位便于记忆。

风杯风速计是用来测量风速的，风速的单位是千米/小时。

看看我的笔记，上面有如何自己动手制作一个风速计……

变出你自己的风速计

你需要什么：

▶ 4个酸乳酪杯子（先把酸乳酪吃光，再洗一下杯子）。

▶ 2根木棍，每根约30厘米长。

▶ 3个大念珠。

▶ 1个钉子（要能方便地拔出）。

▶ 胶水。

▶ 1个木桩子。

应该怎么做：

① 将两根木棍呈十字状贴在一起

② 将杯底贴在木棍的一端，保证杯子旋转起来时4个杯口朝着同一方向

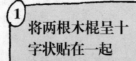

③ 将钉子穿过念珠和十字木棍的中心，并用锤子把钉子钉到木桩上

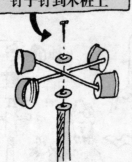

④ 将木桩放在有风的地方，风速越快，杯子转得越快

风向袋或风向标都可以测定风的方向，单位是指南针上的4个点（北、南、东、西）以及它们之间的点（东北、东南、西北、西南）。

为了做一个你自己的风向标，你可以在小棍的顶头系上一只袜子，然后你就不需要操心了。另外一个辨别风向的方法是，刮风时，舔一下自己的手指头，再把那个手指头竖在空气中，转动手指直到湿的地方在风中感到最凉爽。

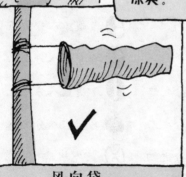

✔

风向袋

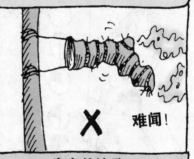

✘ 难闻！

发臭的袜子

雨量计是用来测定雨量的，单位是毫米。这个仪器也可用来测定雪量。

雨从这里进入

毫米

湿度计是用来测量湿度的，单位是摄氏度（℃）和华氏度（°F）。

它的全称实际上叫干湿水银球湿度计。它就像是两个温度计。"干水银球"可测量温度，而"湿水银球"的一端裹在湿布里，所以，可以用来检测空气中的水蒸气。湿度就是两次读数之差。很简单！

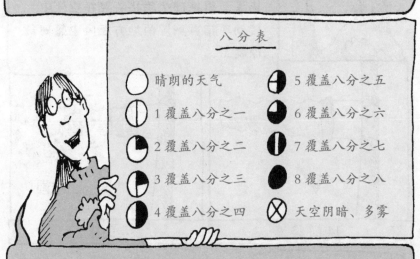

你不需要使用任何奇特的仪器来计算云层的覆盖程度——这是你良好的视力派上用场的时候。首先，你可以站在一个能很好地观测天空的地方，将天空分成两半，然后把每一半再分成两半。（噢，你只能借助你的想象力来划分！）云层覆盖了多少？一部分？两部分？一点五部分？分两次记录下来。你的答案是八分之几，或者是八分表。因为你使用了专业词汇，这会引起老师的注意。

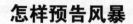

怎样预告风暴

你要做的是：

察看一下你的仪器并在笔记本上记下结果。每天两次，早上和晚上各一次，包括周末，所以你不能再赖在床上。每天都要测量，一年365天。毕竟，这是我必须做的，每天如此！

但最起码你并不孤独。世界上大约有7000个气象站在忙着收集数据。有一些气象站是由像我一样的气象专家来负责，其他一些就依靠像你一样的助手，还有一些高科技测量设备如气象船、气象飞机和气象卫星。

你的测量结果有什么用处？从你的测量结果中怎样判断是否有暴风雨呢？

你怎样判断：

你发现下面任何一种情况了吗？

▶ 气压在下降？

▶ 雨水在变多？

▶ 云层在聚集？

▶ 温度在上升？

▶ 风速在增强？

你的测量结果显示所有这些情况都是同时发生的吗？

祝贺祝贺，你已经预测到了一场暴风雨。快到屋里去舒适地待着，在安全的地方进行观测。

第二步：从卫星上偷拍

这是一种非常昂贵的观测设备，你不大可能买得起这样的气象卫星——嗯，当然我也不能。气象卫星必须定位在数千千米以外的天空中，使用特定的仪器连续观测我们这个风暴频频的地球(只是将气象卫星发射上天空就需要花费一大笔钱)。气象卫星和那种传送电视的卫星一样，但气象卫星还必须配备照相机，用来拍摄云和风暴的照片并传送到地球上。气象卫星可以显示很多现象，如飓风来临时的景象！

第三步：捕捉雷达上的信息

一旦卫星发现了风暴，雷达就可以接手，继续跟踪风暴。320千米之外的暴雨，在雷达屏幕上呈现的是白色，普通的雷达只能告诉你什么地方有雨，而利用高科技制造的新型多普勒雷达可以告诉你雨往哪个方向移动，这很有用。

这就是为什么美国国家气象局在海岸架设大量雷达，用来追踪飓风和龙卷风的原因。这听起来很有趣，对吧？不要错过本周的特价优惠——前提是认为自己能买得起！

追踪那稍纵即逝的龙卷风有困难吗？

你需要多普勒雷达
最新式雷达

知道它所在的位置，但不知道往何处移动？

多普勒高科技、高灵敏度，购买首选。

多普勒，你是怎么看到飓风风眼以外的东西的？

没有多普勒雷达就不要出门。

移动多普勒雷达有售！

很适合你的私人飞机和卡车！

基于克里斯蒂安·多普勒1845年的发现制造

第四步：给电脑接通电源

一旦你拿到数据，这些数据究竟是做什么用的？这是一个电脑天才大展身手的领域。所有的情报都变成数据送入超级电脑，恐怕电脑越昂贵，储存的数据就越多……

正如我所说，即便世界气象组织(缩写WMO)也只有两台超级电脑，分别设在美国首都华盛顿和英国布拉克内尔的气象预报中心。在布拉克内尔，勤奋的电脑每天可处理3.6亿条数据。哇！每秒可进行800亿次计算！你能做多少次？

地球上令人震惊的事实

英国科学家刘易斯·弗赖依·理查森（1881—1953）是第一个将数学应用到气象学上的人。请注意，他并没有聪明绝顶的计算机的帮助。顺便说一下，他花了整整3个月的时间才提前计算出24小时的天气情况。呃……似乎他的系统总有一些问题，他用了几大车纸和2支钢笔代替了超级电脑。为了快速进行求和计算，需要64 000人全力以赴地帮助他！想象一下，如果计算机在那时就被发明出来了，那刘易斯该多么轻松啊！

第五步：迅速做出一张气象图

别惊慌！——你不必擅长美术，让你的电脑替你完成。它将会按照你输入的数据绘制气象图，并且它每小时会更新一次。电脑真的很聪明，可以画出覆盖全球的详细地图，它用的方法是将地球表面分割成像栅栏一样的方格。你在电视和报纸中看到的地图是这种地图最简单的形式。

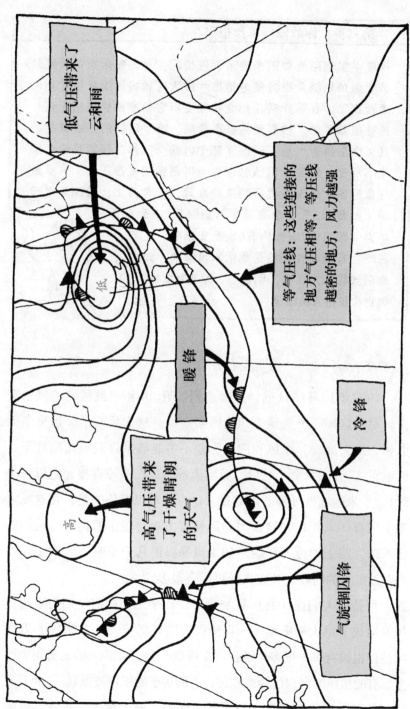

低气压带来了云和雨

等气压线：这些连接的地方气压相等，等压线越密的地方，风力越强

暖锋

冷锋

高气压带来了干燥晴朗的天气

气旋锢囚锋

低

高

第六步：你敢做气象预报吗？

气象学家利用气象图来显示天气情况，并确定未来的天气趋势，你的电脑会很方便地给出一种天气预报。现在该轮到你来预报了。在你正式预报之前需要对它的准确性核对无误！这是很棘手的。检查预报是否准确，唯一可行的方法就是等几天之后再看一看。可到了那个时候，想修改预报恐怕已经来不及了，但至少可以验证你当时的预报是否正确。大多数气象学家一般都预报得越来越准确。迄今为止，短期天气预报（如提前3天）的准确率达到86%。这意味着他们的预报中7次大约有6次是正确的，还不错吧？长期天气预报是非常不可靠的，如果你的预报不太准确，别担心，即使专家有时也会犯很大的错误！

1987年10月16日，英格兰南部

1987年10月15日夜，英国遭到了近300年来最猛烈的风暴袭击。对于这样一个气候温和的国家来说，这太反常了。这里冬天温和、夏天温暖、微风和煦，你差不多能够拍许多风光照片了。然而在这恐怖的4个小时里，英国南部的风在横冲直撞，它以每小时160千米的速度呼啸着席卷过去。令人难以置信的是，在这场灾难中仅有19人死亡，这是因为风暴袭击的时候正值夜晚，人们都已入睡，路上的行人稀少。如果风暴提前几个小时，人们正在户外四处游逛的时候，死亡人数可能会很多。

可是当人们在10月16日醒来时，几乎无法相信他们的眼睛：风暴造成了巨大的灾难——直接损失逾15亿英镑，大约1900万棵树被连根拔起——很多树砸在汽车或房子上。南部1/6的家庭损失严重，有的房屋的窗户已经被吹掉，有的房子的屋顶被掀翻。700万人的居住区处于停电状态，15万部电话陷入瘫痪状态。数百家商店

和学校被迫关闭，因为通往伦敦的公路和铁路全部中断了，所以整个城市几乎完全瘫痪。

不幸的是，直到风暴的最后时刻，都没有引起气象学家的足够重视。一位焦虑的妇女给气象台打电话询问风暴究竟能有多严重，可天气预报员仍然在电视里说根本没有出现飓风，在英国是不会出现这种事的。

看他们犯了多么大的错误啊！

关于特大风暴的5个风力事实

1. 人们常把1987年英国发生的风暴称为飓风，但并不正确。真正要达到飓风的风力——风速至少要每小时119千米——而且飓风是热带风暴，但英国却要凉爽得多。准确地说，这只能算是强烈的风暴，但足以令人胆战心惊了。

2. 但是飓风对事情的过程产生了一定的影响。这场风暴始于比斯开湾，沿途经过法国和西班牙的大西洋海岸线。它在形成初期还显得很平静。当风暴得到了飓风意外的帮助后，不可思议的事情就开始发生了。暖空气和经过大西洋的弗洛伊德飓风（曾经刮过美国的佛罗里达海岸）会合了……

133

3. ……和风暴联合起来了。这就制造出了美国气象学家所谓的炸弹，可是接下来会怎么样呢？炸弹是极难预料的。有的嘶嘶作响着离开了，有的却发生了爆炸。下面一个就是这样的，风暴强有力地袭击了英国。

4. 有些气象学家几天前观测到在大西洋上空酝酿的风暴。比斯开湾中的船只都被劝告撤离那个地方。可是气象厅的大多数天气观测却都来自这些船只。要是大西洋上没有船只留下，那么他们也就听不到即将来临的风暴警报了。

5. 仅仅两年以后，1990年5月25日，英国遭到了另一场特大风暴的袭击，共有46人在本次袭击中失踪。气象学家做了充分的准备，但他们还是没能精确地预测风暴的移动路线。不过情况已经开始好转，气象学家准确地预测到了1998年初袭击英国的风暴。

识别天气

那么，如果你的高科技设备发生了故障怎么办？要是你的计算机丢了数据怎么办？你应该学点在民间流行的传统的天气预报方法。

最佳天气宠物比赛

想得到一个新的宠物吗？别老想着猫和狗了！你应该要一只真正可以信赖的宠物，至少能够预报天气情况。宠物可以告诉你什么时候该出去散步。

② 母牛对潮湿的暴风雨天气非常敏感。它们一起躺下来或者挤在牧场上的一个角落里，可能是因为不喜欢浸透了水的草的感觉，因此它们想在下雨之前找到一个舒适、干燥的地方偎依着？

① 祝贺你们！燕子和雨雁！当这些聪明的气象鸟在天空翱翔，雷声隆隆时，暴风雨就要来临了。这是因为暴风雨即将发生的时候，上升的气流把它们所食用的昆虫吹到上面去了。

③ 当松鼠开始收集坚果时，冬天就要来了。别理会那些科学家！总之，他们会告诉你松鼠只在秋季做这件事，冬天可能是几星期以后的事呢。

第一名

第二名

第三名

　　天气预报越准确，就越有益于每个人。哪怕你只想找个好天气，和朋友一起在户外玩投飞盘的游戏。气象学家从来不是十分幸运的，但是现在借助高科技气象设备，他们在预测天气趋势方面取得了一次又一次成功。对于那些居住在风暴所经之路的人们来说，情况就大不一样了。差别是巨大的——生与死间的差别。

应对风暴

当你坐在舒适的扶手椅上，读着这本书的时候，世界各地的气象学家正在努力工作着，试图揭开暴风雨天气的神秘面纱。但无论预报天气的技术多么高明，他们也无法预告下一次风暴会出现在哪里，或者出现在什么时间。可怕的是风暴有时会在毫无预兆的情况下转瞬即到，这不仅会造成人员伤亡，也会损坏人们的房屋和商店，毁掉农场主的全部庄稼，以及人们赖以为生的所有东西，更甭提你父亲引以为豪的秋海棠了。风暴到底能带来多大的灾难呢？

杀人风暴

住在加勒比海中部一个天气晴朗，环境优美的小岛上，听起来非常美妙，是不是？但它并非像看起来那样安宁，住在加勒比海岛屿上的人们太清楚暴风雨天气会给他们带来多么巨大的灾难了。1988年，魔鬼般的吉尔伯特飓风只用了10天就将他们的生活搅得天翻地覆。

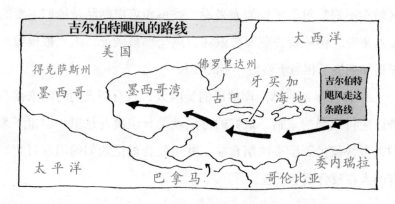

吉尔伯特飓风创造了以下纪录：

1. 迄今为止有记载的最强烈飓风——风速差不多达到每小时275千米，并且瞬间速度可达到每小时320千米。

2. 迄今为止有记载的西半球飓风"风眼"最低气压——低压达到888百帕斯卡。

吉尔伯特飓风是历史上最强烈的飓风之一，在飓风表上被列为5级飓风。从有文字记载的天气情况来看，袭击过美国的飓风仅有两次风力达到5级。上一次飓风的"风眼"也是最小的——宽仅13千米（一般情况下宽有32—40千米）。这里聚集了风暴所有的能量，使它的危害程度增加了一倍。

人们怎样对付飓风

1. 遭受风暴袭击最严重的是牙买加。民宅、学校和医院都遭到了猛烈的袭击。电话主交换机所在机房的屋顶被掀翻，倾盆大雨毁坏了所有的电话设备——所以一点也不奇怪，他们和其他国家联系的电话线路全部被切断了。风暴过后几天，他们仍无法供电，没有广播，没有电话，也没有办法告诉外界这里发生了什么。

2. 牙买加总理称这次风暴是"牙买加历史上最大的灾难"。这确实不假！对于牙买加人来说，香蕉和鸡肉制品是他们主要的收入来源，但随着香蕉园被毁坏，鸡全部被砸死，工厂被摧毁，牙买加损失了相当于整整一年的收入！

3. 住在墨西哥湾沿岸地区的美国人，只有两天的时间来做准备以应付风暴的来临。最好的办法就是赶快离开这里，但留下来的人很快就忙于购买浓缩食品，并用胶合板把他们的门窗钉死。有的人在胶合板上写道：

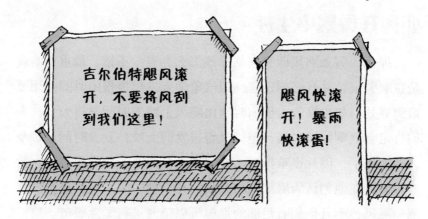

吉尔伯特飓风滚开，不要将风刮到我们这里！

飓风快滚开！暴雨快滚蛋！

但吉尔伯特飓风却不想知道人们的想法！

4. 数千名石油工人只好离开他们在墨西哥湾沿岸的石油钻塔。那些钻塔正好处在风暴经过的路线上。仅在一个星期以前，另一场名叫佛罗伦斯的飓风把它们吹到了岸上。两周内遭到两次飓风袭击——还有比这更不幸的吗？

5. 在得克萨斯州的帕斯克里斯琴市，可怜的老吉尔伯特·戈泽尔经常受到他（所谓的）朋友的电话骚扰。因为某种奇怪的原因，他们竟将吉尔伯特飓风的坏脾气归咎在他身上！同时，当地的广播电台也在播送一些关于风暴的歌曲，比如《在风中摇曳》、《暴风雨中的骑士》，当然还有《暴风雨天气》等，只是为了让人们高兴起来！

地球上令人震惊的事实

令人难以相信的是，当大多数人正在拼命逃跑的时候，一些科学家却要乘上数百架跟踪飞机垂直飞入飓风的"风眼"中。事实上，这么多飞机很可能会发生相互碰撞的严重灾难，因此必须采取紧急行动来协调飞机的飞行路线。

如何在风暴中生存

那么，假如飓风即将来临你该怎么办呢？不错，最重要的就是拉响警报，并且必须迅速。但气象学家发出警报的时间必须要恰到好处。如果警告人们的时间比飓风上路的时间早得太多，人们肯定会立刻惊慌失措；但如果警报发的太晚，就没时间让每个人都撤离了，因此很难把握。在美国，分两个阶段发出警报：第一阶段，在他们认为飓风即将来临的几天前，组织人们进行"观测"飓风，而且他们有足够的把握可以随时进行紧急服务。第二阶段，当气象专家掌握了风暴袭击的准确时间，在24小时之前发出，预报飓风的来临。

风暴天气警告

问题在于飓风很难预测——尤其是风暴到来的准确时间。所以尽管是24小时之前的警报，与风暴路线的偏差仍可能达到大约150千米左右，并且等待将更加可怕。

地球上令人震惊的事实

得克萨斯州的高维斯顿城是一个度假的好地方，被认为是风暴来临时最安全的地方。这座城市修建在低洼的沙土地上。这真是大错特错！1990年，当遭到致命飓风的袭击时，这里卷起了巨大的沙尘暴。到了晚上，这座城市被陷在水下4米深，造成6000人死亡，2700座房屋被水冲走。后来，高维斯顿又被重新建造起来，用秘密武器——一种新式的屏障把海水挡在外面。它成功了！当15年后另一次风暴袭来时，这里仅有15人死亡。

风暴天气安全手册

　　如果你家附近将要遭受飓风或龙卷风的袭击，下面就是你应该要做的。是的，注意——你在一天之内应该做的事！

　　① 你必须要竖起耳朵听收音机，它会播放紧急警报并告诉你应该做什么。电视上可能也有新闻播报，但是你可能会无法看到，因为风暴很可能会刮断电线。

　　② 立即逃跑！尽可能离开城市。但无论发生什么事，都要远离海岸向内地跑。没有时间度假或做其他的事情了，飓风就要从海上刮过来了！

　　③ 如果你坚持留在城里，要赶紧到紧急避难所里。在公共场所，如教堂和学校等常常会建立一些这样的避难所。如果你拿不定主意要去哪儿，可以考虑一下地下室之类的地方。还记得阿利龙卷风吗？那时大多数家庭在地下室都建有龙卷风避难所。如果你没有，总可以试着建一个吧！

（见下一页。）

你在学校受过火灾避难训练吗？为什么不进行一次飓风避难训练呢？选择一块安全的地方，进行飓风天气的避难训练，就像飓风真的来了一样。这种做法很明智！

挖掘一个你自己的风暴避难所

你需要什么：

▶ 两根粗重的木头

▶ 一些混凝土（或一块混凝土预制板）

▶ 一把铁锹

应该怎么做：

a）在你家房子下面挖一个大约宽1.5米、长2米、深2米的大洞。这样的大洞足以容纳8个人。（在开工前，你最好和你父母一起测量一下。）

b）在墙壁上涂满混凝土或钉上混凝土预制板。（如果时间来不及了，忘记混凝土吧，赶紧钻进洞里……快！）

c）用木头做一些门。

d）在避难所里贮藏一些食物和水。

e）钻进避难所里，并关上门……要关紧点！

4. 你没有躲避风暴的避难所吗？好，不要惊慌。如果有时间，你可以用木板把窗户和门钉紧，并把窗口的家具移开。现在到卫生间里——这是一个非常好的选择，因为垂直的墙是非常牢固的。躲在卫生间里或者楼梯下、床垫下面，最好不要动。不管你做什么，都要远离窗户或镜子——飞起的玻璃是非常危险的。千万不要到窗口去偷看。

5. 不管你要到哪里，都要好好待着，一直等到风暴平息并且真正过去——尤其如果它是飓风的话。不要让风暴暂时的平息欺

骗了你。如果天气突然变得风平浪静，你一定要待在原来的地方别动。这可能正好是风暴的"风眼"经过，记住，剩下的一半风暴还在后面呢！

6. 准备并包好你生存所需的物品，你需要饮用水（要带够好几天的水）、罐头食物（别忘了带上罐头起子）、睡袋、一个急救药箱、一个手电筒（要有足够的电池）。还要保证你的收音机也要有足够的电池。

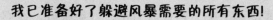

7. 但如果你在室外遇到风暴该怎么办呢？保持头脑冷静。找个沟渠平躺下来，或躲在一个坚固的桥底下。包住你的头，避免被飞沙走石击伤。不管怎样，你都不要躲在汽车里等着飓风或龙卷风的来临——对抗这种怒吼的狂风，汽车根本没有用。从汽车里出来，平躺在沟渠里或者到避难所去……快！

地球上令人震惊的事实

听力很敏锐？将耳朵贴在地面上聆听是近年来辨别龙卷风是否来临的最先进的方法。真的！当龙卷风跳跃着在地面上前进时，发出的冲击波会沿地面传播。如果你仔细地听，会听到它们。但还有好消息，你很快就用不着拿自己的耳朵去冒险了。美国的科学家正致力于一种电子耳的研制，它将会代替人的耳朵进行这项工作。可以在家里安一个，有点像防盗警报装置。

人们的不懈努力

过去，人们尝试用各种方法吓走风暴，包括对它们摇铃或者用大炮轰击它们。那么人们有可能驯服龙卷风吗？真的能削弱飓风的能量吗？一些美国科学家正尝试着寻找这方面的方法。

20世纪40年代，科学家们找到了人工降雨的新方法。他们将一种叫碘化银的化学物质碾成粉末状，并通过飞机将这种粉末撒到一些风暴云里。这种粉末使云中的冰晶体发生变化，冰晶体融化后以雨的形式降落下来。到目前为止，效果很好。他们也试着对飓风采取同样的手段。他们想把一些碘化银粉末扔到风眼墙里，让飓风产生更多的降水，雨会消耗掉大部分的能量并增大风眼墙，使风力减弱。这至少是一个计划，可是第一次实施计划时出现了错误。

你认为发生了什么事？

a）飓风变得更加强烈了。

b）飓风突然改变了方向。

c）计划失败了，飓风也消失了。

答案

b）飓风突然改变了风向，而且袭击了它原定路线之外的一个城市。20世纪60年代的第二次尝试效果比较理想。"风暴复仇方案"的提出就是为了削弱加勒比海和美国的飓风。这似乎很奏效，它使黛比飓风的速度减慢了约1/3。与此同时，墨西哥北部地区在本该是雨季的时候却变成了干旱。权威人士将责任归咎于"风暴复仇方案"。他们声称这个方案搞乱了正常的降雨量。不管他们说的是否正确，不完善的"风暴复仇方案"被搁置了。

抗风暴建筑

如果不能阻止风暴，那么防御措施必须是最可靠的。可以建造一处能抗风暴的舒适的房子。美国的部分地区规定，建筑物必须具有一定的抗风暴能力。但是建筑者们怎样选用最好的材料呢？当然是通过龙卷风的速度来测试它们。下面是得克萨斯州一些风力工程师在安全性实验室里尝试解决这一问题的方案。

开始他们将一块木板以160千米/小时的速度垂直射到一堵木制的墙上……

砰！

接着他们将这块木板发射到一面由煤渣石和砖构成的墙上。

砰！

最后他们将木板射到钢筋混凝土的墙上。

砰！

哪种建筑材料效果最好？

145

答案

3. 木板垂直射入了木板墙和煤渣砌块墙里。事实上，真正的龙卷风能够让一块钢板垂直穿过坚固的砖墙，但是却不能将它射入钢筋混凝土结构。现在，科学家建议处在"龙卷风走廊"的所有房子都必须有一个由钢筋混凝土建造的内室，人们可以坐在屋里面躲避龙卷风的袭击。

邪恶的风暴可以成为杀手，摧毁人们的房屋，毁灭他们的庄园以及人们赖以生存的东西，真的是冷酷无情。它甚至可以改变历史的进程。

地球上令人震惊的事实

1588年，持续了5天的一场风暴击溃了西班牙无敌舰队。一支由130只战舰组成的舰队被西班牙国王菲利浦二世派出去攻击并入侵英国，他们的使命彻底失败了。仅有60只船颠簸着返回西班牙，其余船只都被骇人的大风吹到岩石上摔得粉碎。

☆ 狂烈的 ☆ 超级巨星 ☆

暴风雨天气除了带给人们诸多灾难性的袭击，如死亡、破坏、混乱和灾难之外，还能带给人们什么好处吗？呃，噢，是的，暴风雨天气也会对你有利。为了证明这一点，这里列举3个主要的原因。

有益的风暴指南

据可靠消息……

风暴天气可使气温变暖

太阳光线并不是均匀地照射在地球上，因为太阳光垂直照到赤道上，所以赤道地区被烤得很热。因为太阳对两极是斜射的，所以两极就很冷。风暴天气可以重新分配太阳的热量——阻止热带地区变得过热和两极地区过冷。它是如何做到的呢？答案就是刮风。风从赤道带走了多余的热量输送到了两极，又将极冷的极地寒流送往赤道。这就是所谓的冷风和热风。

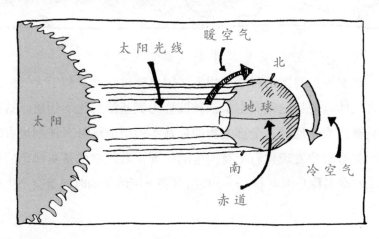

暴风雨天气使你的花园繁花似锦

对于园丁来说，闪电可是个好消息。它能够把空气中的氮和氧混合并将之溶解在雨水中。对于干渴的植物来说，降下的雨水渗入土壤中成为极好的肥料。风暴难道不是非常了不起吗？

　　不仅仅是你的花园得利，全世界的农场也同样得利。风暴天气会带来大量雨水，如果没有雨水，庄稼和人会怎样呢？既不能喝水也无法洗东西。（你可能会认为这是一件好事！）好，那么你就会有很多麻烦——记得米奇飓风带来的灾难性的降雨吗？可是雨水太少也是灾难。雨是如此的至关重要，以至于过去人们将它奉为神明。生气的阿兹特克雨神也就是暴风雨神特拉劳克，他住在高高的天堂里。他把雨装在4个巨大的罐子中，当地球上需要阵雨时，他就砸碎大罐，大发脾气了！

好哇！

风暴天气能在地球上创建新生命

　　老实说！美国的科学家用人工闪电穿过一种类似于大气层的混合气体。变！这就产生了一种被称为氨基酸的化学物质。这种物质被认为是地球上全部生物的最基本的组成部分。谈到远古时期，你有时会发现化石上有闪电的纹理，看起来像是灰绿色的玻璃（时髦名称是闪电石）——在闪电将土壤熔化的时候就会产生这种物质。

哪一个是古老的
化石？

地球上令人震惊的事实

　　其他行星上也有暴风雨天气。例如木星，木星上的大红斑就是大风暴，绝对正确。它长40 000千米，宽14 000千米，相当于一个较大国家的面积。而且它至少咆哮100年了！（即便你老师的年龄都不能和它相比！）金星上的风暴降下的是腐蚀性很强的硫酸雨，足以溶化岩石。你的雨伞根本没用，什么也挡不住！你还奇怪那里为什么没有人居住吗？

变得更暖了

　　风暴也有一些附加效应，因为未来还会发生更多的风暴。这要归结于——对，你已经知道了——我们人类对待大气层的粗暴方式。那么我们对天气做了些什么？先来看一看，我们正在引起可怕的温室效应。

究竟什么是温室效应

地球上获得的热量不到太阳发来的总热量的一半。热量在传播过程中被大气层吸收。可是地球仍然非常舒适温暖，因为大气层中的大量气体阻止了热量向外部空间散发。否则我们整个地球就会白雪皑皑——非常适宜滑冰，可是你愿意一年四季都如此吗？大气层的工作原理就类似于你爷爷家温室的玻璃——只让热量进入而不让热量散出，这就是我们称它为温室效应的原因。

温室

从太阳来的热量

玻璃隔绝了热量

西红柿植株

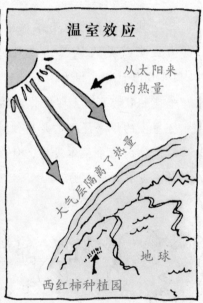

温室效应

从太阳来的热量

大气层隔离了热量

地球

西红柿种植园

问题何在

问题是大气层中产生温室效应的气体的数量在逐渐增加，这就导致了地球变暖。科学家对地球变暖的程度不能完全达成一致。他们预测，到2050年整个地球的温度升高大约2℃。这听起来似乎没什么，其实是灾难性的。即使地球只变暖几摄氏度，也意味着更多的暴风雨天气，会有更多的雨量和雷雨天气。如果海洋变暖，就意味着会有更多的地方能够形成飓风。

谁该承担责任

很不幸，是我们——可怕的人类造成的。下面就是事实。引起温室效应的主要气体是二氧化碳——这和你呼出的气体相同。二氧化碳的其他来源包括卡车和汽车排出的废气、工厂和电站的污染、大量焚烧热带雨林。我们向大气层中倾泻了数以吨计的二氧化碳。然后是冰箱和喷雾剂（喷洒除臭剂）中使用的氯氟化物、垃圾堆中发出的臭沼气（或是牛打嗝发出的气体，老实说，就是牛放的屁！而且的确发出很难闻的气味）。

我们能做什么

收敛我们的行为是唯一可行的办法！我们需要停止燃烧诸如煤、石油和木材之类的燃料，它们都会产生污染空气的烟雾。汽车应该使用清洁过的汽油。不幸的是，这并不是说你可以不使用除臭剂。近年来，大多数除臭剂对空气是没有污染的，它们根本不含氯氟化物。世界各地政府共同签订条约，决心彻底净化地球。从2000年开始，各家公司开始提供文件来证明他们少排放了多少二氧化碳进入大气层。但这只是一个开端，还有很长的路要走。

都是你的错

有的人感到他们必须找到某些人来对恶劣天气负责。当厄尔尼诺开始引起混乱的时候，可怜的老厄尔尼诺便备受埋怨和指责。下面两封信是拼凑出来的，但是信中所讲述的事实都的的确确是真实的。

美国阿肯色州
1998年

亲爱的尼诺先生：

现在听着，尼诺先生。到目前为止，你究竟是怎么想的呢？从我们第一次听说您的大名，就遇到了麻烦，除此之外别无其他。正是你，将大写字母T定义为麻烦。

我们这里几个月以来一直在下雨，雨量很大。以前从来没有见过的风暴连续袭击着我们。现在，我还保持理智，你刚刚找了我朋友的麻烦，可是我的忍耐已经达到了极限。这次风暴已经摧毁了我的所有良田，更别说我的邻居和朋友，他们都受到了严重损害。我们的庄稼是我们赖以谋生的根本。我恨你！

到底什么时候才能结束呢？现在停止你所做的一切，还我们一方太平。否则……

你的朋友
愤怒的阿肯色先生

美国，加利福尼亚
1998年

亲爱的愤怒先生：

非常感谢你的来信。对于你正在经历的艰难时期，我感到非常难过，但是我恐怕必须指出：你的苦难真的和我没有任何关系，下暴雨真的不是我的错。

现在我想知道，你是不是把一些人或别的什么东西混淆了？是的，我周围也有一些人把我和厄尔尼诺弄混了，我叫阿尔尼诺。你看，是阿尔方索·厄尔尼诺的缩写组合。据我所知，厄尔尼诺是一股经常在南美洲沿岸出现的暖水流。在西班牙语中，厄尔尼诺是圣婴的意思。干扰你生活的那个家伙总出现在圣诞节前后，因此人们就管它叫厄尔尼诺了。

实际上，我是一名从加利福尼亚退休的海军飞行员。并且不管你感到满意与否，这一年的厄尔尼诺现象不仅仅给阿肯色州，而且给全球造成了巨大的破坏。

那么，这一切是如何发生的呢？厄尔尼诺现象使得风朝相反的方向吹，也使得海洋蒸发了比以前更多的水蒸气，这就导致了更多的风暴云的出现。

153

结果，干旱地带大雨倾盆，而过去的湿润地区却变得干旱。

我认为这些仍不能使你感到舒服些，但是你知道吗？欧洲和秘鲁也遭遇了历史上少有的暴雨和洪水的袭击，我的家乡也遭到了数次龙卷风的袭击——我自己的优质西红柿也损失严重。然而，公平地说，这种损失也只是飓风造成损失的一半。

我相信好天气即将来临。

你的亲密朋友

阿尔尼诺

暴风雨般的  未来

这么说，暴风雨天气会越来越多？全球变暖的忧虑是无关紧要的？令人惊讶的是，这些问题很难回答，即使专家也不例外。听一听下面几位专家的评述，你自己会独立判断。

一些可怕的专家说：

情况只会变得更加糟糕。未来，风暴肯定是越来越多，其结果是全球变暖，温度升高2℃—3℃，并产生更多的风暴天气，这些风暴引起的破坏比我们已经知道的还要严重!这是不能逆转的，我们必须面对可怕的未来。厄运、忧虑，我们都会死亡!

是的，全球变暖肯定要付出一定的代价，但是我并不确定这是不是一定会影响未来的天气——即使想要弄清楚后天的天气变化也很不容易。可能是更加猛烈的暴风雨天气；也可能不是。天气是很难预测的。很可能不像你想的那样糟糕。放松些，别紧张，所有的事情都会好起来的。

然后还有其他专家说：

当然，你们两位如果跟踪天气并做了充分认真的记录，就会了解风暴天气的出现是有一定周期的。我们会遇到30年一遇的真正的飓风，随后是30年的风平浪静。噢，现在30年的平静差不多已经结束，所以我们预计会出现一些恶劣的暴风雨天气——尤其是如果我们居住在飓风带上——但是它肯定不会永远主宰我们的天气，赶紧准备好飓风躲避所吧！

你认为可以相信谁呢？我们肯定知道，暴风雨天气是难以预测的。你可以测量它、记录它、改变它并探索它，直到你被弄得头昏脑涨、鼻青脸肿。然后，当你自认为得到了它的全部数据时，它却开始产生一些你完全不希望出现的变化。这也就是暴风雨变得更加有趣的缘故。

你有兴趣吗？一起来关注风暴吧！